THINKr
新思

新一代人的思想

德浩谢尔动物与人书系

赵芊里 主编

求生与求偶

动物与人类的相通性

[德]
费陀斯·德浩谢尔
著
练斐 译 李媛 校

WIE MENSCHLICH SIND DIE TIERE

VITUS B. DRÖSCHER

中信出版集团 | 北京

图书在版编目（CIP）数据

求生与求偶：动物与人类的相通性 /（德）费陀斯·德浩谢尔著；练斐译 . -- 北京：中信出版社，2023.1

书名原文：Wie menschlich sind die Tiere

ISBN 978-7-5217-4891-8

Ⅰ . ①求… Ⅱ . ①费… ②练… Ⅲ . ①动物学－普及读物 Ⅳ . ① Q95-49

中国版本图书馆 CIP 数据核字 (2022) 第 208521 号

求生与求偶：动物与人类的相通性
著者：［德］费陀斯·德浩谢尔
译者：练斐
译校：李媛
出版发行：中信出版集团股份有限公司
（北京市朝阳区惠新东街甲 4 号富盛大厦 2 座　邮编　100029）
承印者：嘉业印刷（天津）有限公司

开本：880mm×1230mm 1/32　　印张：8.5　　字数：170 千字
版次：2023 年 1 月第 1 版　　印次：2023 年 1 月第 1 次印刷
京权图字：01-2022-1621　　书号：ISBN 978-7-5217-4891-8
定价：58.00 元

目 录

推荐序

我曾经是一个昆虫生态学家，受过系统的生物学训练。转行社会学后，我也经常思考人类行为乃至疾病的生物和社会基础，并且关注着医学、动物行为学、社会生物学以及和人类进化与人类行为有关的各种研究和进展。大多数社会科学家都会努力和艰难地在两种极端观念之间找平衡。

第一种可以简称为遗传决定论。这类观念在传统社会十分盛行。在任何传统社会，显赫的地位一般都会被论证为来自高贵的血统。在当代社会，虽然各种遗传决定论的观点在社会上广泛存在，但从总体上来说，遗传决定论的观点不会像在传统社会一样占据主宰地位，并且因为种族主义思想的式微，它们常常被视为政治不正确。与遗传决定论观念相对的是文化决定论，或者说白板理论。白板理论的核心思想是人生来相似，因此也生来平等，不同个体和群体在行为上的差别都来自社会结构或文化上的差别。白板理论有其宗教基础，但是作为一个世俗理论它起源于 17 世纪。白板理论是自由主义思想，同时也是马克思主义和其他左派社会主义思想的基础。白板理论对于追求解放的社会下层具有很大的吸引力，因此具有一定的革命意义。但是，至少从个体层面来看，人与人之间在遗传上的差别还是非常明显的。当然，除了一些严重的遗传疾病外，绝大多数遗传差异体现的只是不同个体在有限程度上的各自特色而已，但这差别却构成了人类基因和基因表达的多样性的基础，大大增进了人类作为一个物种在地球上的总体生存能力。可是，如果我们在教育、医疗乃至体育训练方式等方面完全忽视不同个体或群体在遗传特性上的差别，这仍然会带来一些误区。更明确地说，白板理论本是一个追求平等的革命理论，但因为它漠视了个体之间与群体之间在遗传上的各种差别，反而会将某些个体和群体，尤其是一些在社会上处于边缘地位的个体和群体置于不利的位置。

我们很难通过动物行为学知识来准确地确定大多数人类个体行为的生物学基础。个体行为的生物学基础很复杂。从个体行为或疾病和基因关系的角度来讲，很少有某一种行为或疾病是由单一基因决定的。此外，虽然某些基因与人类的某些行为或疾病有着很强的对应关系，但是这些基因在人体内不见得会表达，并且有些基因的表达与否与个体的社会行为有着不同程度的关联。但是，动物行为学知识仍然可以为我们提供一些统计意义上的规律。比如，吸烟肯定是社会行为，但是具有某些遗传因子的人更容易对尼古丁形成依赖；战争也肯定是社会行为，但是男性更容易接受甚至崇拜战争暴力。动物行为学知识还能反过来加深我们对文化的力量的理解。比如，人类的饮食行为和性行为明显来源于动物的取食和交配行为，但是任何动物都不会像人类一样发展出复杂的甚至可以说是千奇百怪的饮食文化和性文化。总之，动物行为学知识有助于我们深入了解人类行为的生物学基础，以及文化行为和本能行为之间的复杂关系。

与其他动物相似，在面对生存、繁殖等基本问题时，人类发展出了一套应对策略，其中大量的应对策略与其他动物的应对“策略”有着不同程度的相似。正因此，动物行为学知识可以为我们提供类比的素材，能为我们考察人类社会的各种规律提供启发。比如，在环境压力下，动物有两种生存策略：R 策略和 K 策略[*]。R 策略动物对环境的改变十分敏感，它的基本生存策略是：大量繁殖子代，但是对子代的投入却很少。因此，R 策略动物产出的子代往往体积微小，它们不会保护产出的子代。R 策略动物在环境适宜时会大量增多，但是在环境不适宜时，它的种群规模和密度就会大幅缩减。K 策略动物则能更好地适应环境变化。它们产出的子代不多，但是个体都比较大，它们会保护甚至抚育子代。K 策略动物的另一个特点是它的种群密度比较稳定，或者说会稳定在某一环境对该种群的承载量上下。简单来说，R 策略动物都是机会主义动物——见好就长、有缝就钻、不好就收；K 策略动物则是一类追求稳定、有能力控制环境，并且对将来有所“预期”的动物。

我想通过一个具体例子来简要介绍一下 R 策略和 K 策略行为在人类社会中的体现：假冒伪劣产品和各种行骗行为在改革开放初期很长一段时间内充斥着中国市场。对于这一现象，学者们一般会认为这是中国的传统美德在“文革”中遭受了严重破坏所致。其实，改革开放初期“下海”的人本钱都很小，但他们所面对的却是十分不健全的法律体系、天真的消费者、无处不在的商机以及多变且难以预期的政治和商业环境。在这些条件下，各种追求短期赢利效果

---

* 这里的 R（Rate 的首字母）实际含义是谋求尽可能大的出生率，因此，生物学意义上的“R 策略”可以简要意译为“多生不养护策略”。K 是德语词 Kapazitätsgrenze（相当于英语中的 capacity limit）的首字母，其实际含义是“（考虑环境对种群的承受力，）将出生率和种群规模及密度控制在环境可承受（即资源可支持）的范围内”；因此，生物学意义上的“K 策略”可以简要意译为“少生多养护策略”。为了适应讨论类似的社会现象的需要，社会学者们在使用表示这两种策略的术语时，可能会在其生物学意义的基础上对其含义有所拓展或改变，这是读者应该注意并仔细辨析的。——主编注

的机会主义行为（R 策略）就成了优势行为。但是，一旦法律发展得比较健全，政治和商业环境的可预期性提高，消费者变得精明，公司和企业的规模增大和控制环境能力增强，这些公司和企业的管理层就会产生长远预期。在这种时候，追求稳定环境的 K 策略就成了具有优势的市场行为。这就是为什么通过假冒伪劣产品和各种行骗手段致富的行为在改革开放初期十分普遍，但是在今天，各类公司和企业越来越倾向于通过新的技术、高质量的产品、优良的服务、各种提高商业影响的手段甚至各种垄断行为来稳固和扩大利润。能从改革开放初期一直延续至今并且还能不断发展的中国公司有一个共同点，那就是它们都经过了一个从早期的不讲质量只图发展的 R 策略公司到讲质量图长期回报的 K 策略公司的转变。中国公司或企业的 R—K 转型的成功与否及其成功背后的原因，是一个特别值得研究的课题，却很少有人对此做系统研究。

以上的例子还告诉我们，一个动物物种的性质（即它是 R 策略动物还是 K 策略动物）是由遗传所决定的，基本上不会改变。但是公司或企业采取的 R 策略和 K 策略却是人为的策略，因此能有较快的转变。更广义地说，动物行为的形成和改变主要是由具有较大随机性的基因突变和环境选择共同决定的，因此动物行为具有很强的稳定性。与之对比，人类行为的形成和改变则主要由“用进废退、获得性状遗传”这一正反馈性质的拉马克机制决定。*

通过以上的例子，我还想说明，虽然动物行为学能为我们理解人类社会中各种复杂现象提供大量的启发，但是类似现象背后的机制却

* 近几十年生物学的研究发现，基因突变与环境会有有限的互动，或者说基因突变也有着一定程度的拉马克特性。

可能是完全不同的：决定生物行为的绝大多数机制都是具有稳定性的负反馈机制，而决定人类行为的大多数机制却具有极不稳定的正反馈性。通过对动物行为机制和人类行为机制的相似和区别的考察，我们不但能更深刻地理解生物演化*和人类文化发展之间的复杂关系，还能更深刻地了解人类文化的不稳定性。具体说就是，任何文化都必须要有制度、资源和权力才能维持和发展。这一常识不但对文化决定论来说是一个有力的批判，也可以使我们多一份谨慎和谦卑。

最后，通过对动物行为学的了解，以及对动物行为和人类行为之异同的比较，我们还能加深对社会科学的特点和难点的理解。比如，功能解释在动物行为学中往往是可行的（例如，动物需要取食就必须有"嘴巴"），但是功能解释在社会科学中往往行不通。大量的社会"存在"，其背后既可能是统治者的意愿，也可能是社会功能上的需要，更可能是两者皆有。再比如，我们对于某一动物行为机制的了解并不会在任何意义上改变该机制本身的作用和作用方式。但是，一旦我们了解了某一人类行为背后的规律，该规律的作用和作用方式很可能会发生重大变化。关于诸如此类的区别，笔者在几年前发表的《社会科学研究的困境：从与自然科学的区别谈起》一文中有过系统讨论。此处不再赘述。

我常常对自己的学生说，要做一个优秀的社会学家，除了具备文

---

* 这里的"演化"在赵老师写的《推荐序》原文中用的是"进化"，经赵老师同意后改为"演化"。之所以将"进化"改为"演化"，原因之一是本书系已统一将 Evolution 译为"演化"，但更重要的原因是为了避免"进化"一词所具有的误导作用。Evolution 的完整含义不仅包括正向的演化即进化，也包括反向的演化即退化，还包括（在环境不变的情况下）长期的停滞（既不进化也不退化）。将 Evolution 译为"进化"，只是表达了其上述三方面含义中的一个方面，更严重的问题是：它会使未深入学习过演化论的人误以为任何生物的演变都只有一个方向，误以为生物（乃至社会）都是从简单到复杂、从低级到高级单向变化的。——主编注

本、田野、量化技术等基本功，具备捕捉和解释差异性社会现象的能力外，还必须学会在动态的叙事中同时玩好“七张牌”，并熟悉与社会学最为相关的三个基础性学科。这“七张牌”分别是：政治权力、军事权力、经济权力、意识形态权力的特性，以及环境、人口、技术对社会的影响。三个基础性学科则是：微观社会学、社会心理学、动物行为学（特别是社会动物的行为学）。从这个意义上来说，一个合格的社会科学家必须具备一定的动物行为学知识，并且对动物行为和人类行为之间的联系和差异有着基本常识和一定程度的思考。

前段时间，我翻看了尤瓦尔·赫拉利所著的《人类简史》。这是一本世界级畅销书，受到了奥巴马和比尔·盖茨这个级别的名人的推荐。但我发觉整本书在生物学、动物行为学、古人类学、考古学、历史学、社会学、现代科技的知识方面有一些似是而非、不够严谨之处。如果读者对以上学科有着广泛的认识，便可以看出书中的问题。从这个意义上来说，我非常希望我的同事赵芊里主持翻译的这套动物行为学丛书能在社会上产生影响，甚至能成为大学生的通识读物。我希望我们的读者能把这套书中的一些观点和分析方法转变成自己的常识，同时又能够以审视的态度来把握其中有待进一步发展和修正的观点，来品悟价值观如何影响了学者们在研究动物行为时的问题意识和结论，来体察当代动物行为学的亮点和可能的误区。

是为序。

赵鼎新

美国芝加哥大学社会学系、中国浙江大学社会学系

2019-9-26

第一章

动物们的超人能力之谜

地球（地表与大气红外）辐射也会影响动物吗？

如今，我们常常可以在杂志上读到这样的句子：“地球辐射影响人类睡眠，令人丧失工作热情或感到身体不适。”探测者据之找出会产生地下辐射的水道，商人们因此昧着良心高价出售铅板，声称将其焊在床底便可使人免受地表辐射的不良影响。

某些超心理学的神秘学专注于解释神秘现象。许多人只是隐约感觉神秘现象背后必定存在着某种真相。可是，真相从何处隐遁，假象又在何处登场呢？

观察动物中的相关事例是搞清楚这一问题的最好办法。若“地球辐射”真的存在，那么，动物们也必定像人类这样受其困扰。

让我们来观察一群实验室用的小白鼠。格察·阿尔特曼（Geza Altmann）教授和西格诺特·朗（Siegnot Lang）教授在萨尔大学动物研究所内为它们提供了一间“三居室”。每个房间的天花板上和地毯下都贴了一层金属箔。而后，他们又给这三个房间通上了不同强度的直流电。

第一个房间中被通上了每米 3 500 伏特的高压电，第二个房间屏蔽了所有的大气电。第三个房间里则保持在自然的大气条件下，这意味着其中有每米 130 伏特的电。小白鼠们完全可自由选择它们想要待的房间。

当然，大气电的存在与否既不可眼观，也不可耳闻，更别说通过品尝和鼻嗅的方式来感知了。在我们人类看来，根本就不存在一种可感知大气电的方式。

然而，老鼠们则不同了。老鼠天生就会像人一样将它的生活区域划分为一个就寝区、一个或多个饮食区、一块玩耍空间以及一个“卫生间”。实验结果表明：对新环境做了几小时的检查后，每只小白鼠都选择了在电压高的环境中进行强度较高的活动，如进食、喝水以及玩耍；需要安睡时，它们则会选择处于自然大气条件下的场所。

在研究者们调换了各个房间内的电压后，小白鼠们只花了短短的几个小时便对活动场所做出了相应的调整。

科学家们推测：在对那个套房进行严密探测时，小白鼠们肯定会因为这三间大小、外观均一致的房间内大气电压的不同而有着不同的舒适感。

它们甚至绝不会碰在“卧室”里找到的食物。若要进食，它们会前往“餐厅”；如果在“餐厅”里发现做窝的材料，那么，它们就会觉得那是放错了地方，就会尽可能地将其搬进“卧室”。

由此可见，毫无疑问，老鼠会根据不同的大气电压强度做出有针对性的反应。

在蜜蜂那里，甚至会出现更具戏剧性的事情。将蜂巢置于 11 万伏特的高压环境中，会对蜜蜂的采蜜行为产生激励作用。相比在通常电压的环境中，这时，它们的采蜜效率会上升 20%。

但当电压达到 14 万伏特时，蜜蜂的工作效率就会骤降到零。此外，这时，内勤工蜂所筑造的育蜂室很少，因而会导致整个蜂群在两个月内全部死亡。

若将蜂巢置于 22 万伏特电压的环境中，工蜂就会将现有的幼蜂全都从蜂房中扯出来，并“忘记”储存花蜜和花粉。此外，它们还会变得残酷无情并富于暴力倾向，彼此叮刺杀，有时甚至杀死蜂王。

最后，那些蜜蜂会封死蜂巢的出入口。蜂房内会逐渐变得缺氧、高温难忍，蜂蜡也开始熔化，拥有 5 万只蜂的蜂群由此集体自杀。这一切只是因为它们身处高压电的环境中。

此外，有些动物群体中的个体是数以百万计的，其成员几乎是完全失明的，但它们仍能感知太阳与月亮。这些星体主导着它们的命运，例如，地球大气对磁场的干扰和远方的雷暴都会以一种神秘的方式影响它们的健康、食欲和工作能力。白蚁群中的情况正是如此。

白蚁会用类似于混凝土的材料筑起高达 7 米的堡垒。要是巢墙上被打了一个洞，担任岗哨的白蚁就会用自己的脑袋敲击巢壁，发出警报。这时，幼蚁就会撤退到幽暗迷宫中的深处，蚁王和蚁后会被白蚁们层层簇拥在蚁巢的大厅中，以免受敌害的攻击。

兵蚁们从缺口涌出来，并围绕着缺口布成圆环阵。工蚁们则带着泥浆之类的材料紧随其后。在短短几小时内，一个新的拱顶就造好了。不可思议的是，这种没有视力的动物居然能理解当时的建筑目的和各部分的建筑要求，并能最终使要建造的东西成为一个整体。为了解开其中的奥秘，柏林的金特·贝克尔（Günther Becker）教授做了以下实验：

如果他将施工现场用纸板分割成若干区域，那么，那些被隔开的白蚁仍会像从前一样准确地安装好新造的穹顶。当他将纸板换成5毫米厚的接地铝板后，那些白蚁会一起筑巢壁，但会出现混乱。

谜底是这样的：白蚁在从事建造活动时会产生微弱的交变电场。这些失明的生物通过“无线电”彼此“交谈”，并由此协调它们的集体工作。由此来看，它们肯定有一个高度灵敏的电场感应器。这是一个令人惊叹的现象，但其中也藏有隐患。当白蚁群正在从事建造时，如果有雷暴逼近，那么，闪电造成的电场干扰就会将它们的行动完全打乱。

不过，更不可思议的要数大气磁场干扰对白蚁造成的食欲波动。一只昨天只吃了一点点木质食物的小白蚁今天的进食量可达昨日的20倍，其他数以万计的白蚁“居民”的胃口所受的影响也完全一样。

白蚁群都不可避免地会受到磁暴的影响。磁暴是太阳黑子及其对地球大气的猛烈喷发所产生的结果，它对洲际短波无线电通信也会造成干扰。

当太阳黑子数下降时，白蚁的饥饿感最强；当太阳黑子数上升时，白蚁的饥饿感最弱。

月亮直接影响着白蚁建造蚁穴的工作积极性。在满月和新月期间，它们工作得最勤奋，而在其余时间中，它们则要懒散得多。

这种没有视觉的动物是如何在“掩体”中知晓月相的呢？当贝克尔教授将一块重达140千克的铅块放在蚁巢旁时，他找到了答案。铅块的质量使白蚁们兴奋了起来，由此可见：白蚁显然具有一种令人难以置信的对重力的敏感性。

该能力的意义在于：在地势复杂的蚁穴中，白蚁必须时刻清楚洞内与洞外的位置。要觅食时，它们得努力外移；而在搬运食物时，则要往洞穴内部运动。当警报响起时，幼蚁们得向内撤退，兵蚁们则必须向外冲以抗敌。

无论在什么地方，白蚁们都会表现出“超人般”敏锐的重力感。在这个对我们人类而言不可思议的定位系统中，就像雷暴会影响白蚁们的电磁感应能力一样，太阳和月亮也只是它们的重力定位系统的一些干扰因素。

这些例子表明，在地球上，就连最微小的动物也跨越天文距离与星体相连。这些例子也揭示了它们的存在是如何受外部力量所控制的。其中的奥秘，我们仍然无法用现有的书本知识来解释。

此外，我们还知道动物王国中的一些其他的奇异之事。对这些现象，已不再有科学家怀疑其真实性。下面的事件就是一个例证。

在一场雷雨即将来临之际，三名骑马运动员及其马匹在一棵孤立的大树下寻求躲雨。可没过一会儿，马群就开始变得焦躁不安。突然，它们不愿再停留在此，而是飞奔离去。那三名运动员只好离开那棵树，去追那些逃逸了的马。几秒钟后，一道闪电劈开了那棵树。在这个例子中，是马拥有的感应高压电的能力救了它们自己及三名骑马运动员的命。

类似的例子我还可以信手举出很多：带有强大能量的雷达波束会将飞鸟驱离它们的栖息地。若有电流在水族箱中通过，其中的各种动物（从草履虫到金鱼）都会对电流有感知，并游向负极所在的地方。

假设一只五月金龟子在 10 月份就会在 80 厘米深的地下破茧而出，并在那个穴中一直待到次年的 5 月。在冬眠时节，金龟子是精确地顺着地磁的南北或东西方向躺着的。如果有研究人员在实验室中改变了它的“床”的方向，那么，金龟子就会从冬眠中醒来，将自己的位置重新调整至“正确的”方向。只有这样，它才会感觉舒服。

总的说来，（在感知那些不可见的自然力量这方面）动物界的情况普遍如此。毋庸置疑，一些我们人类无法清楚感知的力量会对动物产生巨大的影响。这些（很多动物能感知而人类不能感知的）现象并非难以名状的“地球射线”或神秘戏法，而是确乎存在的物理现象，即地磁、大气电压以及由太阳风暴大爆发而造成的干扰（这种干扰甚至会严重影响洲际短波无线电通信）。

可是，把这些在动物界发现的现象扩展到人类身上却会出现大问题。比如，我要是写下“现代钢筋混凝土建筑会屏蔽大气电，并因此影响在其中居住的人的健康和心情”这样的句子，那么，我将惹怒整个混凝土建筑业。我已得到混凝土建筑业以及律师与教授关于混凝土对人体影响的互相矛盾的鉴定结论，但在此我不能透露。

在此插一句话：人类的舒适感无法量化，也因此缺乏科学的证明力。因此，所谓“带电气象”是否存在仍然没有定论。

可是，许多人仍通过他们的舒适感、睡眠质量的好坏、焦虑感、懒散程度或令人兴奋的创造力来判断是否有些“射线”对他们造成了或好或坏的影响。由于缺乏科学的证据，这些现象虽有目共睹，但仍无法获得科学的解释。那么，迄今，依然有江湖医生和骗子们利用“地球射线”来招摇撞骗也就不足为奇了。

目前，已有大量有关“射线”影响的证据。慕尼黑工业大学的柯尼希（König）教授在一次车展上对 2 万人做了一个反应速度测试。

当一盏灯亮起时，志愿者要以最快的速度按下按钮。更确切地说，一次测试是在自然的大气电场中进行的，另一次测试则是在一个被屏蔽了大气电的空间中。在被屏蔽了大气电场的非自然的隔离空间中，所有人的反应速度都明显慢于第一次测试中的。

这一问题值得深思：每辆汽车内部都是一个隔绝了大气电场的空间。恰巧也是在这里，刹车或闪避时的一丝迟疑就能在不足一秒钟的时间内决定人的生死。

尽管已经有公司开始生产在汽车内部人工重造所缺的大气电场的设备，但这些设备目前仍未得到科学界认可，因为它们对人类活动产生影响的证据仍旧不足。

地球大气中的磁暴同样会产生不良影响。有数据表明，在有磁暴干扰的日子里，事故发生率明显升高。所以，有人建议：将这种与事故发生率有关的“大气电磁强度”也纳入天气预报或交通广播的内容中，但在现阶段仍未获得成功。

不过至少有一件事情得到了证明，那就是在太阳黑子造成的磁暴作用于大气层时，婴幼儿的睡眠会受到影响。

另外，有化学-生理学研究显示，在无电压的空间中，人体器官的水分平衡会受到干扰，出现细胞肿胀、毛细血管堵塞以及供血不足的问题；此外，人的氧气摄入量也会减少、生物钟紊乱、日常活动周期失调，还会终日感觉疲惫，夜间难以入睡。在此情况下，呼吸器官内负责保持器官清洁卫生的纤毛的能效会降低 30%，机体的免疫力也因此减弱。

另一个随之而来的结果是：大气电场的缺乏会使人身体不适，注意力不集中，精神与身体机能下降。一旦再次回到大气电场正常的环境中——无论在自然的大气电场中还是人工的大气电场中，人类的身体机能又会重新恢复正常。

不少公司已经抓住了由此产生的一个商机，即在缺少电场的居住及办公场所中用技术手段重塑一个健康的电场氛围。

不过，有一个质疑声不容忽视：过高的电压可能会带来严重的伤害。前文已经提到了蜜蜂王国的大规模集体自杀。在温室中，电场会促进植物生长，可一旦电场强度上升到每米5万伏特就会出现幼苗畸形的情况。

一些医院会在天花板和地板之间铺设极高的直流电压来彻底消灭悬浮在空气中、有传染危险的细菌和小型真菌。不过，在此期间，病人必须离开病房，否则，这一过程也有可能对他们造成伤害。

尽管如此，只要严谨的科学界对上述有关大气电场的事件产生的原因还持保留态度，那么，事情就还没有定论——在学界看来，电场对人心情的影响还受其他因素（如气压高低及个人的喜惧等情感）的制约。

不过，事实极有可能就是这样；对这里所描述的事，科学界并无异议。

在地磁力场中

“到底是谁在这儿搞恶作剧？”金特·贝克尔教授在位于柏林的联邦材料检验局的实验室中生气地说道。前一天晚上，他收到了50只从非洲送来的白蚁蚁后，并将其放进了一个玻璃盒中。它们原本横七竖八地躺在盒子里，但次日清晨，它们的脑袋不是朝东就是朝西。

教授小心翼翼地将盒子倾斜了45度，可20分钟后，这些小昆虫再次恢复到了脑袋朝东或朝西的位置。“这种动物完全就像是活的磁针！”教授惊讶地感叹道。在此后的几周里，他找到了确凿的科学证据证明：白蚁的确能感应到地球磁场。

1963年，一场愤怒的浪潮席卷动物学界。一些所谓严谨的学者辱骂贝克尔教授，给他扣上了集市上的江湖骗子、占卜师、催眠术师、超自然魔术师等帽子。可到头来，他们最终还是相信了地球磁场是一种实在的物理力量，而绝非巫术或魔法。

这一事件打破了动物学领域的沉寂，各地的动物学家第一次敢于着手在其他动物身上观察它们的磁力感应之法。

法兰克福的沃尔夫冈·威尔奇科（Wolfgang Wiltschko）教授便是其中之一。早在1958年，他就意外地发现了一些令人瞠目结舌的现象。那时，在他所在的动物学研究所的地下室生活着几只知更鸟（欧亚鸲）。入秋后，它们便开始在夜里不安地在笼中飞来飞去。它们好像都想朝西南方向飞，也就是飞往西班牙——它们通常的秋季旅行目的地。如今，定位研究者将其称为“定向迁徙兴奋”。

可这些鸟是如何在漆黑的地下室内辨别出它们的旅行方向的呢？威尔奇科教授冥思苦想，在排除了太阳或星体影响的可能性后，只剩下了一种假设，那就是地球磁场在指引着知更鸟。如果这是真的，那将是一种前所未闻的现象。

可是，用什么来证明这一猜想呢？威尔奇科教授在第一个实验中将知更鸟放进了一个内部隔绝地球磁场的保险库中。他观察到：这时，所有鸟儿都像发疯了似的朝各个方向乱冲。

在第二个实验中，教授将知更鸟放到两个一人高的电磁线圈之间。线圈会产生人造磁场，并无序转动。如果人造北极指向东边，小鸟会突然不再朝西班牙方向飞，而是改朝英格兰方向飞。

从美国到日本，多地的动物研究所中立刻掀起了一股实验热潮。研究者们在知更鸟的头上绑上一块小型条形磁铁，用以干扰它们的磁场感应能力。可是，这些鸟儿却没有因此受到丝毫影响。倒是许多科学家被弄糊涂了：这一实验反驳了存在磁场感应能力的说法。

法兰克福的磁感研究者们因此感到绝望，但其他大学送交的相关报告记录了在不同动物身上发现的罕见的磁性反应：

· 在高强度的磁场环境中，化脓菌的繁殖速度要比平时快很多。

· 若将果蝇置于高强度的磁场环境中，其繁育的后代数量会大大增加。

· 在高强度的磁场环境中，蜜蜂不再建造圆盘形蜂房，而改为建圆柱体蜂房。此外，它们在用蜂语交流时还会遇到理解问题。

· 鳗鱼在深海里借助“内置磁罗盘”调整航线。

· 高强度磁场还会对家鼠、野鼠和猿猴产生影响。在白细胞数量减少的同时红细胞数增加。家鼠出现掉毛的情况，加速衰老、提早死亡。身患癌症的黑鼠则能通过磁场痊愈。

简而言之，证明磁场会影响动物生活的例子数量呈井喷式增长，这一事实已无可置疑。

可是，还有一个疑问仍未得到解答：是什么使得知更鸟的磁场感应能力不受研究者绑在它们头上的条形磁铁的干扰呢？

威尔奇科教授给出了以下答案：

知更鸟的“磁罗盘”工作原理与我们熟知的军用罗盘的指针完全不同。它只对地球磁场的强度起作用，而完全感应不到其他微弱或微强的磁场——仅凭简单的中学物理知识，我们无法理解这一概念。如果不了解磁场感应能力的工作方式，那么，这个问题将一直是我们知识的一个盲区。

另外，知更鸟的“罗盘指针”不仅能指向两侧，还能指向下方。首先，它会测量地球磁场磁力线与地球表面的夹角，由此构成所谓的倾角罗盘。在地球两极上时，它的“指针”会直直地指向地面；在赤道上时，则会精确地与地表齐平。“磁针”垂指的方向代表了磁极的方向。指向越倾斜，就说明知更鸟离磁极越近。

这听起来确实有些复杂，所以鸟类学家认为“磁罗盘”只是一个在紧要关头有着重要意义的辅助工具，因为当“太阳罗盘”或“星体罗盘”因天气原因失灵时，它们的旅行还得继续。

如今，在许多教科书上，我们还可读到这样的结论：在迁徙时，候鸟只借助“磁罗盘”寻找目的地的方向。但实际上，在天气条件允许的情况下，候鸟首先会通过观察太阳或星星的位置来保持航向。就像一位旅行者在看了一眼指南针后发现：从现在开始，自己得朝着一棵大树的方向进发了。依据与星体之间的角度保持方向并不是一件简单的事情，因为太阳和星体在空中皆处于运动状态，鸟类还得将它们的移动考虑在内。这话虽然听起来很合理，但其实是错误的。威尔奇科教授于 1984 年纠正了这一观点。据其所言，鸟类拥有三种不同的导航系统，即太阳罗盘、星体罗盘和磁场罗盘。尽管三者间可能存在相互的影响，但它们都能完全独立自主地运作。鸟类的情况与宇宙航行技术十分相似：在一个导航系统失灵的情况下，马上就会有另一个导航系统顶替上来。

还有一个问题：鸟儿们从何得知它们要飞往何方才能到达气候微暖的西班牙呢？直至不久前，定位研究者还假设，夜行及独行的鸣禽天生便具有辨别复杂的星体关系的能力——这是一个相当不确定的猜测！

现在，可以明确肯定的是："只有"在地球磁场中判断方向的能力才是幼鸟从"鸟蛋里带来的车票"。每只在孵卵器中人工孵化、由人类抚育长大并且从未接触过同类的雏鸟在秋日里也会本能地察觉到那条地磁航线能将它带往冬天的栖息地。在这之后，它们才开始学习认识能在夜间指引道路的星象。

一个新的问题又出现了：信鸽无法将有关归途的情况遗传给后代，那么，在陌生之地，它们是如何确定返乡航线的呢？

热衷于大胆假设的威尔奇科教授推断：被装在汽车里运输的鸟儿无法看见天空，但它们会记住自带的"磁场罗盘"所指明的旅行方向。它们自由后，便能很轻松地找到方向，顺利回家。

至于鸟类是用哪种感官来判断磁场的，目前学界仍未找到答案。认为"磁场罗盘"可能位于松果体之内的猜想被证明是错误的。与此同时，科学家发现了某些动物体内带有极小的条形磁铁细菌，也证实了在海豚的大脑中存在着几个立方毫米的磁性物质。相信更多令人兴奋的发现即将出现。

动物们能预感灾害吗?

据记载，1976 年 2 月 12 日夜里 2 点前后，住在西西里岛埃特纳火山南坡上尼科洛西村里的莱昂福泰一家正在熟睡当中，却忽然被一阵骚动所惊醒。他们家养的 7 只猫发出刺耳的叫声，在房门上乱抓，并像发了疯似的向玻璃窗扑去。

“赶紧离开这房子！”莱昂福泰先生叫道。还没等找出外套，一家人就穿着睡衣冲向了空地。几秒钟后大地开始震颤。火山喷发，房屋晃动，虽然一切很快又平静了下来，但是，情况完全有可能更糟。

许多住在埃特纳火山坡上的西西里人都将猫作为家庭宠物，因为他们相信这种动物会在地震前及时地向他们发出警告。猫真的能预感到这类灾害吗?

在战争时期的德国城市弗赖堡还发生过更可怕的事情。那是 1944 年的 11 月 27 日，在此之前，这座美丽的城市幸运地躲过了所有的轰炸。那天入夜后，大约晚上 8 点，一家养老院的住户们开始变得不安了起来。

“您听到我们池塘里的鸭子叫了吗？”一位老妇人不安地说。“奇怪！照理说它们早该睡觉了！”一位男士说道。“唉，它们叫得和上次被一群狗追一样。”另一位先生试图缓和这里的气氛。“可我连一声狗叫声都没有听见！”那位老妇人激动地反驳道，“这是个不好的征兆。我感觉马上就要有什么糟糕的事情发生了。为安全起见，我们还是赶紧去防空洞吧。”

老人们前脚刚踏进掩体，防空警报后脚就拉响了。第一场地毯式轰炸已在这群鸭子的叫声中开始了。

在那一个小时中，老城受到了大面积的摧毁。超过3 000人遇难。一枚炸弹早在空袭一开始就将养老院炸毁了，池塘里的鸭子也全都一命呜呼，但老人们却幸存了下来。

直至今日，矗立在弗赖堡的鸭子纪念碑仍在提醒着人们不要忘记这一事件。石头上写着："神造之生灵的控诉。"动物们究竟能否预感到灾难？倘若它们真的拥有这种能力，那么，它们就一定拥有尚不为人所知所解的感官。

早在1835年就有了类似的记载。一份来自英国将军罗伯特·菲茨罗伊（Robert Fitzroy）的报告这样写道："上午10点左右，一大群海鸟飞过天空，穿过智利太平洋沿岸的康塞普西翁。中午11点30分，狗群离开了屋舍。10分钟后，地震摧毁了整座城市。"

自那时起，每次地震过后都会出现一些报告，表明事发前出现了特殊的犬吠声以及马匹发抖嘶鸣、鸡在舍中不安地乱跑的现象——可惜只有极少数是震前报告！

但直到不久之前，才有一位科学家开始研究这一罕见现象。他是在智利大学任教的德国动物学家恩斯特·基利安（Ernst Kilian）博士。

更严重的是，事实表明：地壳碰撞也会使人类陷入最原始的恐惧状态。这一状态使人无法观测到任何现象。1960年，瓦尔迪维亚城的大地震过后，基利安博士记不清他在震时是稳稳地站住了，还是多次被震倒在地上。而在之后的一系列余震中，测量活动则可较好地进行（在主震发生的头三天内，发生了11次强震以及百余次较弱的余震）。

大学马厩里的育种马在每次地震前5秒就会发出嘶鸣，并开始浑身颤抖。环颈雉会在人类能感知的地震发生前10秒通过响亮的打鸣发出警报。而那些丝毫不会令动物学家陷入不安的颤动则会被犬类敏锐地感知到。它们的反应极其强烈，以至于整个城市都能听见哀鸣般的犬吠声。而笼中的其他动物，比如绵羊、母鸡和三只美洲狮，则完全没有反应。

不过，若我们知道，螃蟹在干燥的泥地上能察觉到三米外有枯叶落地，蚂蚁可感受到其同伴的小碎步在20厘米外所造成的“震动”，那么我们就不难理解：其他一些动物为何就能察觉到那种不为人类所感知却预示着地震的颤动。

对蚂蚁而言，这种地震预报能力有着关乎其生命的意义。1966年，苏联科学家在塔什干观察到了数十亿只蚂蚁是如何在初次地震前一小时就从它们的地下迷宫涌向地面并在地面上逗留的。如果它们在地下遭遇地震，那么，它们都将被压得粉碎。

不过，感知震动能力最强的当数鱼类。当1976年意大利北部的弗留利发生地震时，甚至在其北面170千米外的奥地利阿亨湖内都有极大数量的白鲑鱼、鳟鱼和鲤鱼死亡。在湖底，鱼鳔因受水的震波影响而爆裂。

所以，生活在地震频发地带的鱼类都有一种极其敏感的薄膜。凭借这种薄膜，它们可感受到比人类测震仪所能测到的最小震动还要弱十分之九的震动。在这方面，就不得不提生活在日本和中国的鲇鱼了。一旦感受到地震前的那种超微的震动，鲇鱼就会快速从水底冲到水面。在水面上，它们可免受水底那种强烈震波的伤害。

1975年，中国科学家首次通过观测一个特殊水族馆中的鲫鱼而成功预报了发生在位于朝鲜西北部以西的辽东半岛上的地震，由此拯救了无数条生命。

用同样的方式也就能解释为何埃特纳火山坡上的猫能预报地震了。猫当然不能看穿一切，但在它们的脚上有一个极为敏感的震动感受器。这种感受器的存在实际上是为了让猫能在漆黑的夜里用爪子察觉到老鼠的脚步，而拥有这种能力的动物很有可能也能察觉那些预示着强震的微小震动。如果这些动物通过经验而知这种征兆预示着什么，那么，当它们惊慌地逃出窗外，并因此而被人类当作地震警告，也就不足为奇了。

如今，猫对生活在埃特纳火山周边的农民们的意义就像从前老鼠对矿工们的意义一样。来自鲁尔区黑尔讷的采矿工长维尔纳·卡钦斯基（Werner Katschinsky）这样说道：“在我的同事意识到矿道即将塌陷之前好一会儿，老鼠们就从它们的洞里钻了出来，吱吱地叫，并像疯了似的乱跑。这对我们所有人来说就是警报，我们得尽快离开矿道。这群老鼠救了我们，所以，我们很高兴它们能与我们一起生活在井下，也总会给它们喂食。”

同样具有传奇色彩的还有老鼠在船将沉时弃船的“占卜术”。它们真的能够预知到即将发生的危险吗？

对此，我可以确定地说：到现在为止，故事中老鼠离船的时间都是在腐旧的老船停在最后的停泊港之时。这些旧船会在接下来的暴风雨中破损、漏水，然后沉没。还从未听说过有老鼠从一艘触礁、搁浅或在相撞后沉没的状况良好的航船上开溜的。在这种情况下，老鼠的“占卜术”就都不管用了。

老鼠保持着地洞“居民”的特点，在船上，它们居住在船最底部的区域中。这是人类几乎不会到达的底舱。这里滴着冷凝水，积聚着油渣、垃圾与废物——特别是在管理不当的船上。而老鼠们就在这里建造它们的家园。

因此，一旦海水通过细小的裂缝渗入船底，那么，老鼠就能在第一时间发现。当巢穴受淹、海水腐蚀着足部与皮毛时，喝了海水的老鼠还会因极度口渴而死。

如果试着将巢穴建到高一些的地方，那么，老鼠就会马上撞见用木棍驱赶它们的人类了。所以，老鼠们就只能被挤到越发拥挤的角落里了，而它们彼此间也变得更加具有攻击性，甚至爆发鼠群间的战争。在这种情况下，如果一些侦察鼠给出信号，指出有离开船上巢穴的可能性，那么，它们便会毫不迟疑地开始大迁徙，而航船在开启下一段旅程后常常也就沉没了。

但弗赖堡的鸭子的情况则与此截然不同。它们是远远地就听到轰炸机编队的轰鸣声了吗？就像古罗马元老院里的鹅闻声发现了正在向其逼近的敌人？那些鸭子中是否有来自其他城市的经历过空袭并知道轰鸣声意味着什么的“移民”？这些细节我们就不得而知了。

或许，那些“超过我们的想象能力”的“天地奥秘”* 也在其中起了重要作用。

哈默尔恩的捕鼠人 **——确有其事或只是传说？

“一位吹笛人用他的笛声将全城的老鼠引入河中，将其悉数溺死

---

* 此处引自《哈姆雷特》。——译者注

** 格林童话中的《花衣魔笛手》便是根据这个故事创作的。——编者注

并焚烧。”到1984年7月22日，这个记录在一份古老文献上的故事就有整整700年了。从前，穿梭在城镇乡间的捕鼠人或巫师并不少见。“用笛子、风笛或号角给正常或不正常的动物施法，让它们沉浸在舞蹈的乐趣中，然后跟随演奏者走向毁灭。”

由于捕鼠人和所有巫师一样都将他们的捕鼠秘诀带入了坟墓，如今我们无从知晓他们是如何取得这样令人咂舌的捕鼠效果的。最近几十年，消灭虫害的工作人员都使用毒剂。每年联邦德国用在灭鼠药上的花费高达2 000万马克*，所用鼠药可装满一列货车。可结果是老鼠越来越多了。光在维也纳就生活着400万只老鼠。所以我们有理由好好思考一下，哈默尔恩的捕鼠人到底用了什么方法如此成功地消灭了老鼠呢？

大规模的鼠类逃亡大多发生在其生活场所受淹之时，或如一则谚语所说，在“船只即将沉没”之际。关于后者，我们已在上一节中做了介绍。

哈默尔恩的捕鼠人难道是通过例如引水的方式让老鼠建在地下室的窝进水并以此驱赶它们的吗？不可能！这样的话住户就会有所察觉，史料中也会有所体现了。而且，老鼠也不会在逃出地下室水灾后又马上跳进河里淹死。

一种尚在挪威使用的老方法看起来似乎更接近我们想要的答案。若一间农舍老鼠肆虐，农场主就会抓来一只老鼠，用打火机将它全身的毛发点着，或用针线将它的肛门缝合，最后将其放生。在受到了如此残暴的摧残后，这只老鼠痛苦的叫声不绝于耳，并促使其他

---

* 本书写于20世纪80年代两德尚未统一之时，故货币使用的也是当时的单位。——编者注

老鼠害怕地永远离开了那里。

尽管在这个例子中也有“旋律”，也就是惨叫声，但老鼠们是因这一声源落荒而逃，而不是像故事中的老鼠那样自愿地跟随哈默尔恩这个江湖艺人。

这种啮齿目动物真的有感知“旋律”的器官吗？直到几年前动物学家还相信，除了临死前的呐喊与被逼到墙角后发出的自杀式进攻时的尖叫外，老鼠平时都默不作声。但自 1972 年起，我们通过吉莉安・D. 塞尔斯（Gillian D. Sales）教授的研究了解到，老鼠其实是通过人耳无法听到的超声波实现对吼的。攻击者发出频率为 50 千赫、时长 3 毫秒至 65 毫秒，且音量巨大的声波。

对此，防御者试图用强度为 25 千赫、3.4 秒长的叫声加以反击，或直接开溜。若这两种方法均不可行，大概就是因为双方都受困于笼中，受攻击的一方就会慢慢僵化、开始发出临死前的呼噜声，然后在未受咬伤的情况下快速死去。

老鼠可通过超高频的叫声实现“神经谋杀”。哈默尔恩的捕鼠人或许有一支能不知不觉发出超声的笛子？来自格拉茨的电子工程师赫伯特・根斯霍菲尔（Herbert Genshofer）认为这种推断是可能的，并于 1980 年设计了一个超声波“老鼠集中营”。利用这个“集中营”，人类可以一举歼灭所捕获的所有老鼠。其工作原理依照以下魔鬼准则：这台价值约 470 马克的设备会产生与老鼠的攻击叫声十分相似的超声响声。响声不绝于耳，老鼠便会陷入对这个极为强大、无所不在又不可知的“敌人”的恐惧之中。身处封闭密集空间的老鼠会试图逃离这里，但在种群密度极高的大城市里这几乎不可能。因为所有的地下室里都有鼠群，若闯入陌生领地必有一场殊死搏斗。

一群受超声波凌虐的老鼠完全有可能在绝望之中纵身跳进水中，如一条河中，随后在此溺亡。

在水中，野生老鼠在因精疲力竭而下沉之前通常可持续游泳 80 小时，而家鼠则只能维持 30 分钟，但也足以到达岸边自救。德国美因茨的鲁道夫·比尔茨（Rudolf Bilz）教授发现，老鼠在危急情况下的反应与平时的截然不同。它们会疯狂地转圈划水，并在几分钟后就沉入水中。

尽管老鼠擅长游泳，但在此情况下绝对有可能溺水身亡。哈默尔恩的捕鼠人肯定是用了什么办法让老鼠情绪紧张了。

格拉茨的灭鼠方法使用的则更多是另一种恐吓程度丝毫不减的方法：因超声设备而陷入焦虑状态的老鼠无处逃窜，再也无法入睡。它们的进食节奏发生紊乱，交配与哺育活动演变成了同类相食，然后突然变成了一场可怕的鼠群战役，互相残杀。所以，这台超声机器令老鼠饱受折磨，身陷苦战，自相残杀，自我毁灭。

与此相比，利用毒药对付老鼠的办法就显得无能了，其原因有二：一是有许多鼠群已经产生了抗药性，二是固定的“试毒”步骤大大降低了集体中毒的危险。若一个鼠群在领地中发现了看似可食用的东西时，它们会先让幼鼠尝一下。若其在几天后死亡，其余的老鼠就会在“食物”上撒一泡尿用以标记毒性，此后便再也不会有老鼠去碰它。老鼠发明及传播发明的能力十分惊人，这只是其中的一个例子罢了。

在南太平洋的一个环礁上，乘船入海的老鼠们发明了一种钓螃蟹的方法。老鼠坐在一块环礁石上，将尾巴垂入水中，等着有螃蟹夹住这条假“虫”。在上钩的一瞬间，它就会立刻将螃蟹拉上岸并将其吃掉。

几年后，一只老鼠又成功完成了另一项发明。当钓上来的螃蟹数量超过它的食量时，老鼠就会只啃掉蟹腿。这样，老鼠就能将作为食物的动物活着、新鲜地保存在储藏室内多日。这个方法很快便在老鼠间“流传”开来。

通过好与不好的经验进行学习是一种强大的能力，想要对付这种能力或许只能利用原始的力量来破坏动物的本能，比如，美国纽约所用的“机器鼠”方法。

在美国，老鼠学会了在摩天大楼乃至最高层上做窝。它们从厢顶搭乘电梯，一层层往上，咬穿钢铁与水泥。对付它们的办法只有一个：

一只“机器鼠”利用超声波，模拟发情期的雌鼠发出“爱的呼唤”，将雄鼠召唤到一起。当它们想要交配时，“机器鼠”就放出致命的电流。就连成堆的尸体也无法阻止其他雄鼠奔向死亡。

在这个例子中，我们第一次看到利用“笛声”将老鼠大规模聚集在一起的情况。从这个角度看，纽约的灭鼠法看来最接近哈默尔恩的捕鼠人所用的灭鼠法。

蛇能催眠猎物吗？

动物之间能互相催眠吗？比如，猫催眠麻雀、蛇催眠老鼠、狗催眠负鼠、狍催眠幼崽，还有人催眠几乎所有动物？最新研究显示：对，确实可以。不过，和人类之间的催眠比起来，那些令人毛骨悚然的现象都与人们的猜测大有不同。

负鼠正在它露天饲养场的一个角落里懒洋洋地晒着太阳，与此同时，一条西班牙猎犬正被带到这里。这只猎犬总是弄些有趣的恶作剧，它正想着自己又有了一个新玩伴。可这只属于有袋动物家族的负鼠却误解了猎犬靠近的用意，它以为自己的末日到了，浑身的毛都立了起来，并且全身瑟瑟发抖。双方都一动不动，直直盯着对方，长达三分钟之久。

突然，负鼠倒下了，看起来就像昏死过去一样。它的脑袋向前垂下，嘴巴张着，双眼呆滞地凝视远方。看门人马上将惊呆了的猎犬带离了饲养场。而那之后，负鼠很快就醒了过来，犹如从沉沉的睡梦中苏醒，然后溜向了饲料盆。

是猎犬把负鼠催眠了吗？或者负鼠只是受到了极为普通的惊吓？它因受到狗的惊吓而昏厥，是一种紧张而致的“瘫痪”？

为了找出答案，肯尼思·诺顿（Kenneth Norton）教授在普渡大学复原了令负鼠紧张的场景，并通过一台测谎仪监测负鼠在此过程中的状态。该机器可判断负鼠是否受到了惊吓，是否昏迷、睡着或被催眠了，以及它是否只是在装死。结果确切地显示：负鼠是被催眠了！

更奇怪的事情还在后头。后来，这位科学家又在大量负鼠身上进行了重复性实验。不过，他不再选取狗作为“催眠师”，取而代之的是一个木质的狗嘴模型，它可以像鳄鱼木偶那样做出“咬”的动作。负鼠仍然迅速地进入了似死般的昏迷状态。

木偶竟然是“催眠大师”！这可讽刺了所有关于这门玄妙技艺的臆想。或许真的完全不需要拥有超自然能力的“大师”用他的意念之力打败对手？连一个木偶都足以成为催眠机了？或者，在上述场景中根本不必谈及催眠这个话题?

让我们再看一个例子，这是戈登·盖洛普（Gordon Gallup）教授在新奥尔良大学所做的系列实验。他选取了几只母鸡作为“媒介”（实验对象），催眠机则是一个可怕的苍鹰标本。每当他将苍鹰标本放置在一只母鸡面前时，后者很快就会身体发麻，向后倾倒，躺在地上，双翅与双足僵硬地向上伸展。

紧接着这个实验，研究者用布遮住了苍鹰标本的眼睛，就再也没有一只母鸡被催眠了。相反地，母鸡们在圈中毫不在意地走来走去，咯咯直叫，甚至去啄咬标本，将其弄翻在地。

苍鹰的眼睛（哪怕是玻璃制的眼睛）里一定散发出了什么迷人的东西，其必定是与催眠有关的重要因素。这有可能是什么呢?

与一个最简单的方法相对比，我们可得到第一个较为清楚的答案。运用这个方法，无论是谁都可将几乎所有动物催眠。比如，一个人用双手抓住一只母鸡，将它背部朝下，按住 15 秒至 20 秒，不让其动弹。慢慢松手后，母鸡还是会继续保持平躺不动的姿势几分钟，有时甚至是一个小时之久。

每当动物饲养员要给一只较小的动物称重而它又不老实的时候，许多饲养员就会在园中使用这种方法。

有趣的是，此时完全不需要有人凶恶地盯着这些动物或是使用什么咒语。将其背朝下牢牢扣住就足够了。使对方完全静止不动是催眠的第一个基本条件，无论通过何种方法达到这种静止都可以。

要是谁现在想在自己养的狗啊猫啊或是鹦鹉身上做实验，那可就要翻船了。盖洛普教授发现了其中的原因：动物对人的熟悉程度越高，人对其实施催眠的难度也就越大。在家庭宠物身上几乎不可能实现催眠。因为此时缺少了给动物催眠的第二个基本条件，那就是恐惧，具体来说，也就是每一个令动物感到没有任何逃脱机会的紧张场景。

瑞士苏黎世动物园园长海尼·黑迪格尔（Heini Hediger）教授这样说道：“动物的催眠状态是一种特殊的逃跑形式。它通过陷入似死般僵硬的状态完成逃脱。此时，它的意识虽然受限，但仍以一种近乎离世的形式存在着。”

负鼠在它笼中的角落里看不到一丝逃脱的可能性，母鸡在苍鹰面前也同样如此。此时，双眼的凝视本能地唤起了动物大部分的恐惧感。因为在野外中，只有当一只动物想要吃到其他动物时，才会直直地盯着对方。

所以，可怕的灵魂通过催眠师的眼睛侵入被催眠者的灵魂之中——这一说法所指的事实其实根本就不存在。催眠力其实更多地来源于猎物在面对对方凝视时所产生的纯粹的恐惧感。

仰卧的姿势同样也会激发动物本能的恐惧感。在生存斗争中，仰卧是失败者在成为敌人的腹中餐之前的姿态。

可如果是主人将它的爱犬反过来，背部朝下，小狗自然不会感到一丝害怕。相反地，它还会因为主人愿意同它玩耍而感到开心。所以在此情况下催眠术不会生效也就不足为奇了。

盖洛普教授还发现，当他追着一只母鸡跑得越久，母鸡越频繁地扑打翅膀、咯咯乱叫并愈感害怕时，它也就越容易被催眠，陷入似死般僵硬状态的时间也就越长。大音量的爵士乐肯定也会惊吓到它们。当母鸡仰卧并听到音乐时，它们会有节奏地抽搐，其意识则会像天使升天般飘然而逝。若研究者在实施催眠前给其提供镇静剂，它们便毫无反应，也不会陷入昏迷状态了。

经盖洛普教授催眠的其他所有动物的反应都完全相同：狐狸、绵羊、家兔、猴子、麻雀、鹅、游蛇、壁虎、青蛙、螃蟹，甚至还有蝗虫和蜻蜓。除了蚯蚓和水母这样的低等动物之外，看起来几乎没有动物能幸免于催眠。

对比可知，动物的大脑体积越大，就越难陷入催眠状态：最容易的是昆虫与青蛙，而最困难的则属猴子，猩猩几乎从不会中招。

这也表明：在人身上，催眠并不需要高智商参与，催眠并非发生在大脑中小小的灰色细胞即灰质中，而发生在丧失理智的情况下。催眠师从不喜欢遇到苛刻、好批评的人士。被催眠的人并没有因此迈入更高级的超人领域，而是向下坠入了动物层面。

既然催眠在动物世界中如此普遍，那么，这一现象必定有着更深层次的含义。下面一个关于蛇和鼠的例子便探究了这一问题。

生活在动物园中、用于饲养蛇类的老鼠无法理解实验室饲养的完全退化了的小白鼠的一种行为。在遇到龙纹蝰蛇或响尾蛇时，这种小白鼠的反应无异于见到一根枯树枝。因为无论蛇怎么闪动鳞片、盯着小白鼠并且“施法催眠”，它们都毫不在意，甚至还敢踩着蛇的身体及头部跑过。这些小白鼠只是不明白蛇是什么，以及蛇意味着的生命危险。可一旦小白鼠领略了蛇的危险，也即看到蛇是如何吃掉自己的同伴后，它就会在蛇靠近的过程中吓得“瘫痪”。它会僵化成“盐柱”并陷入类似于被催眠的状态中。这对鼠类来说可能意味着自救。几年前开始，我们发现：蛇的眼睛只能看到运动的物体。若一个东西不动，那么，几秒钟后，在蛇的眼中就会渐渐出现一块模糊的灰黑帘子。如果一只老鼠还试图通过逃跑来脱身的话（这事经常发生），那么，蛇立刻又会重新发现它，并快速扑上去。可如果老鼠十分钟都不动弹一下，也即它和蛇玩捉迷藏的话，那么，蛇或许稍后便会离开，而老鼠也因此得救了。

还有一些蛇会在猎物附近伸长头的前部并将其来回摆动，以此来弥补它们“毛玻璃眼睛”的缺陷。这样，它们又恢复了视觉感知能力。“催眠凝视”这一方法对蛇的作用极其有限。在大多数情况下，这可能会让蛇误以为猎物已死。有时，这种方法会起作用；这时，蛇就到别处去寻找活的猎物了。

“蛇为了抓住老鼠而将其催眠”这一说法是完全错误的。昏迷、僵化的状态反而能在许多情况下拯救老鼠。蛇类可能对它们的催眠效果“一无所知”。

有一件事再度证明了这一论断：青蛙和蟾蜍不仅会在每条活着的蛇面前僵化，而且在看到数米长、似蛇般的水管时也会吓得僵化发麻！

静止可以救命。一只貂溜进鸡圈后发生的事也能印证这种说法。没过一会儿，几乎所有家禽就拍着翅膀大叫着飞来飞去，然后丢了性命。只有正在孵蛋的母鸡一动不动地坐在鸡窝上。后来，它们成了唯一的幸存者。

有时，狍子和羚羊妈妈需要独自去草原觅食一小时。出于同样的原因，它们会在临走前催眠所有的孩子。在告别时，它们会将幼狍、小羊推入一个洞穴中。孩子们会一直安静地平躺在地上，直到母亲归来并用问候的叫声将它们从沉睡中唤醒。这像是为了预防天敌攻击落单的幼崽而提前做好的催眠准备。

或许有人会提出异议，认为上述例子都并非真正意义上的催眠。

尤其是因为受催眠者没有服从催眠师的指令。对此，我想说：

我们已知的人类的被催眠状态分为三个程度。第一种最浅程度的催眠是麻木，即所谓嗜睡。这时，人的意识恍惚，觉得所见一切都十分遥远。声音和话语入耳的感觉就像透过了一面玻璃墙。

达到这种状态并不一定需要恐惧感的参与，但需要僵硬的体态与视线，例如被什么东西吸住了。如果是催眠师，他便会不停地劝人放松身心、保持冷静。可事实上，僵硬感却侵入了受催眠者的体内与灵魂。要成功达到这种状态，同样也完全不需要催眠师，因为人也能经自发的训练通过自身力量达到。

我们也会在无意识中达到催眠状态，如所谓公路催眠。当我们长时间地盯着前方单调的围栏带，并保持控制方向盘的动作时，就足以走向一种类似于催眠的状态了。这时，现实感、责任感、批判力、疼痛感消失殆尽。一瞬间，货车已经横躺在车道上了。

第二种较深程度的催眠是无意识地服从催眠者的支配，即所谓的从属催眠（Hypotaxis）。第三种最深程度的催眠则以著名的梦游为标志，受催眠者会出现梦游或服从指令等现象。

迄今为止，我们对动物催眠的了解只到达了第一层。上述所有例子均可归为这一层级。另外，催眠状态显示出的无痛特点也至关重要。人们有时（并非总是！）会有种印象，比如受到了狮子攻击的角马在不断垂死挣扎的几分钟内哪怕被伤得再重也不会感受到切实的痛楚，所以，这种催眠状态还是一种自然的、“人道的”安乐死方式。

至于动物催眠能否达到第二级和第三级催眠程度，以及在何种程度上达到，目前我们还不得而知。对此，已知的是：一个动物可通过无意识的和理性的办法来影响或控制他者。这在非人动物之间绝不可能，但在人与动物之间则有可能。

若想对此了解更多，或许先得教会一条狗诸多指令。在它掌握后，人类可以试着研究观察它在被催眠后或是在一个极端环境中是否还会服从这些指令。不过，目前这仍是科学界的一块新大陆。

第二章

美的意义

数百双眼睛吸引着雌性

“阿多尼斯”*曾经是伦敦惠普斯奈德动物园中最美丽的雄孔雀。它的尾屏由130根美丽的饰羽组成，开屏时就像繁星闪烁的华盖。阳光照射在深色丝绸般背景上，闪闪发光，尾屏表面看起来好似有上百只“眼睛”。每只“眼睛”都奋力地睁大，从艺术角度上看，晨曦时分童话般的色彩与之相比也黯然失色。

这些“眼睛”还精准地排列在十个同轴的四分之三圆中，外侧直径达2.5米。珠宝般的光泽熠熠闪烁，斑斓的色彩变幻莫测，就像一轮光环围绕着孔雀那戴有纤细“公主珠冠”的头部。看起来，它就像从前的法拉赫·巴列维王后坐在伊朗巴列维王朝的孔雀宝座上似的。

五只羽翼朴实无华的雌孔雀庄重地向俊美的“先生”靠近，但它们无法真正走到它身边，因为有一道环形的栅栏（一种饲养幼畜用的厩栏）将它们阻隔开来，从地面直至顶部。

见状，另外三只尾翼稍显逊色的雄孔雀立刻就想好好利用这一

* 阿多尼斯是希腊神话中的美男子。——译者注

机会。之前，它们十分嫉妒“阿多尼斯”在求偶时所拥有的优势，但现在它们心平气和地走了过来，朝天空大叫，展开扇状尾屏，并极其兴奋地抖动着它们的羽饰，发出沙沙的响声，如同穿着用质地较硬的蝉翼纱所制成的晚礼服。

尽管这些雄孔雀尾屏的大小和美丽程度只稍逊于栅栏后的“阿多尼斯”，但那些雌孔雀眼睛都没斜一下，它们只会追求最美的雄性。倘若它们无法得到其青睐，那么，这一年它们宁愿单身、不要后代，也不会勉强地退而求其次。

英国牛津的动物学家马特·里德利（Matt Ridley）博士观察到了这一现象，并令人重新思考这一至今尚未解决的问题：麻雀身披简单的“马粪套装”便足以做到大量繁殖，那么，如此奢华的羽饰究竟有何好处？它是如何出现的？诺贝尔奖获得者、动物行为学主要创始人康拉德·洛伦茨（Konrad Lorenz）教授几年前提出了这样的观点，他认为：孔雀的两性关系走上了一条“进化的死胡同”，这不可避免地将这种动物引向了一条下坡路。从前也曾有类似的情况。例如，巨鹿那宽度将近 4 米的鹿角、剑齿虎那些大到丧失了啃咬能力的尖牙，可能还有恐龙那巨大的身躯。

蓝孔雀的尾羽如今已长达 1.3 米，但它只是个装饰品，浮华而没有任何实际作用。面对天敌，长长的尾羽还会成为它们的负担，危及生命。此外，耀眼斑斓的色彩也很容易暴露它们的踪迹。

比较行为学的前辈认为：使孔雀走向灭亡的发展倾向归咎于交配前的“女士选择”准则，与“雌性的极度疯狂”有关。“就像极乐鸟，它们只会选择最漂亮的那一只雄性，无论它其他能力如何”。

可雄孔雀真的会因为羽饰而变成无能、羸弱的“花瓶”吗？

几年前，德国杜伊斯堡的两位警察原本就是这么认为的。有一天，当他们巡逻到凯泽堡附近的动物园时，发现了两对出逃的孔雀。他们很快就抓住了两只雌孔雀，可当他们打算去抓雄孔雀时，它们却顽强地奋勇抵抗。

就在这时，动物园助理迪特尔·普利（Dieter Pooley）博士来到了事发地，并建议两名警察礼貌地撤退。可他们却大笑起来，并表示这两只“绣花鸡”不足为惧，他们有能力应付。

可 20 分钟后，这两名警察逃回了巡逻车上。他们的面部遭到了划伤，双手是血，警服也被撕破了。与此同时，两只雄孔雀则逍遥地在草地上昂首阔步，冲着幸灾乐祸的观众吹响了“胜利的号角”，然后，心甘情愿地回到了动物园，去找它们的“媳妇”了。

一只孔雀可以在不利用翅膀发挥主要力气的情况下跳到 1.5 米高，例如：它可在夜间直接跳上就寝的树枝。它能果断地攻击较为年幼、长达两米的眼镜王蛇，获胜并吃掉它。在印度农村，野生孔雀是人们喜爱的宾客，因为它能消灭蛇类。

在野外，像猫鼬、鬣狗、豺狗、丛林猫和豹猫这些常见的猎手根本不敢挑战孔雀，因为最后只能是自己挨打。孔雀的战斗力如此惊人，以至于动物学家猜测，它发情期时光亮多彩的尾翼或许同时也是对敌人醒目的警示：“你们只能静静地看着我，因为你们没有任何战胜我的机会。”

里德利博士认为：在印度丛林中并非如此。即使蓝孔雀再有战斗力，那里仍生活着两个令它们闻风丧胆的天敌：老虎和花豹。孔雀那醒目的警戒色在它们前面显然就意味着自杀。

热带雨林中的真相全然不同。在这里，只有有限的阳光透过树梢上的叶冠，在地面上打出小而明亮的光圈，看起来常常是五彩斑斓的。从远处看，这些光圈根本难以同孔雀羽毛上的“眼睛”区分开来。所以，在孔雀原初的生活环境中，这身装饰既不是警戒色，也不是毫无意义的美装，而是理想的伪装。

只有在近处观察时，我们所熟悉的耀眼、华丽的图案才会在孔雀的这件伪装服上显现出来。但孔雀是一种谨慎的鸟，它只会给雌性同类而绝不会给老虎靠近它的机会。

在印度，还生活着一种比蓝孔雀更大更美的鸟。它是蓝孔雀的近亲，绿孔雀。行家将其形容为最美艳的鸡形目动物。但特别的是，人们无法将其圈养在动物园或花园中，因为无论是雄性还是雌性，绿孔雀都会对打扰它们的人类或其他动物发起猛攻。

就孔雀而言，美艳程度直接反映了个体的战斗力和攻击性，而非奢华的虚饰。雌孔雀选择最美丽的雄性也不是选择一个矫揉造作、好逸恶劳的废物，而是最为强壮也因此最具生存技能的异性。因为年轻雄性羽翼刚刚丰满，依然稚嫩，或许拥有卓越的才能，但还没有披上像“老绅士”那样的大羽毛。所以，雌孔雀只选“老油条”，而不给年轻的“小生们”一点机会。

客观的观察者试着从欺骗的角度来讨论这件事。巨大的羽饰所展现出的华美引人入胜，这些羽饰组成了开屏用的尾屏，也缩短了孔雀的身长，并给雌性呈现出了一个与现实极为不符的假象。实在是有形无实!

可是，在这背后还有更深一层的含义：尽管长长的尾羽是个累赘，但“还是为了生存”。毕竟老孔雀明白，这世界上充满了威胁生命之事。或许它们并不是肌肉最发达的动物，但它们知道如何去控制、战胜这个世界。而这比单纯的身体力量重要多了。

根据里德利博士的观点，雌孔雀可以通过雄性开屏的大小了解它的生存能力——当然，那是以一种本能的、无意识的方式在读取信息。

另外，大自然还赋予了孔雀一个特点：在发情期开屏时，当孔雀展开巨大的求偶珍宝时，它身上所有重要的器官都不会因此受到影响。孔雀尾巴上的羽毛在飞行时承担着空气动力学任务。开屏时，孔雀并不会用到这些羽毛。与同它一样华美的大眼斑雉一样，孔雀也不会用到自己加长的翅羽，而只会使用一部分非常“没用的”背羽即所谓的尾上覆羽。真正的尾羽在开屏时就像紧身衣撑杆那样只作为支撑物。

但这些都还没有解释孔雀向“美”而生的演化趋势。它们是如何、又是为何演化成了现在的样子？它们是否拥有相应的感受美的感官，以便在演化过程中不断追求更美的状态？

尽管这听起来有些奇怪，但在演变初期确实存在着像贪食和欺骗这些再普通不过的事情。

根据瑞士动物学家鲁道夫·申克尔（Rudolf Schenkel）教授的研究结果，家鸡或其野生始祖印度鸡是鸡形目演化初期极具标志性的动物。

每当这种鸡在季风期发情时，它不会花费心思去追求那段时间内它最中意的雌性，而是一切删繁就简。它用爪子在地上刨来刨去，并高声喊叫，那意思大概就是：“这里有很多好吃的！大家都快过来啊！”同时，它把自己那浓密的尾巴藏在高处，并装出一副向前啄米的样子。比如，它会把尾巴放在较高的草丛上，给匆匆赶来的雌性充当路标。在大家都聚拢了后，它就在雌性们徒劳地寻找那并不存在的食物时，冲向它最爱的“女伴”。雄鸡就是这样欺骗雌性的！

顺带提一点，如果有雌鸡识破了诡计而拒不前往时，雄鸡就会暴跳如雷，并开始追赶所有雌鸡。在它的行为背后，其实隐藏着特定的意图。

鸡形目演化第二个阶段的特点体现在环颈雉身上。它用着与家养公鸡一样的成熟行骗伎俩，但它的“路标”却要细长很多，是一条长长的尖尾。

在鸡形目演化的下一个阶段，尾巴的意义有所改变。这时，作为“路标”的尾羽还增加了吸引雌性的作用。

雄绿尾虹雉的求偶羽翼原本就闪耀着彩虹的色彩，它还会用响亮的叫声示意自己已做好了交配的准备，用喙用力地啄着地上那并不存在的食物，并已将尾巴展开成直角扇形。可这还不够，它试图在尾扇的左右两侧展开翅膀，以达到它的审美理想，即形成一个半圆。翅膀展开后与原有的扇形无缝衔接构成了半圆形。

此时，我们站在了鸡形目演化史的岔路口：演化路径之一是，雉科动物翅膀上的羽饰不断增大，进化为大眼斑雉；在另一条演化之路上，则是其“船尾”的羽毛变得十分庞大，成为孔雀。

巴拉望孔雀雉则代表了另一种过渡形态。它的尾屏不仅由尾巴上的羽毛构成，还有部分是尾部的覆羽，在开屏时，尾屏的形状已接近半圆形。而它翅膀的羽饰则失去了其意义，只能作为附加的小装饰。

只有在孔雀身上体现出的才是这个演化趋势的持续发展。如果雌性总是选择最美的雄性，那么，从逻辑上说，雄性必然会演化出一些非常美丽的特征。

可雌性是怎么选出最美的“男子”的呢？难道它们会从一个个雄性面前走过，然后一一比较？黑琴鸡和流苏鹬的“选夫”方式可能真是如此。雄性大规模地聚集到一个所谓竞技场上，直接通过一种印第安式的舞蹈自我夸耀。但在雉鸡家族中，情况则有所不同，比如大眼斑雉。如果邻居们精心看护的祖传舞池都相隔甚远，大眼斑雉就只好独自开屏。孔雀先生也会驱赶自己视线范围内的所有竞争对手。在此种情况下，雌孔雀该如何比较雄孔雀的体形与外貌呢？

这让马特·里德利博士有了新的想法，也就是他的“吸引假说”。

心理学家和市场营销业者早就一致认为：某些图形和色彩能吸引人的注意力，并给观察者留下较为深刻的印象，眼睛图案便是其中之一。从列奥纳多·达·芬奇到巴勃罗·毕加索，著名画家都掌握着用眼睛作为吸引人注意的元素的技能，并将其完美地加以运用。

目光在动物身上所起的持续性作用可不小。一双盯着一只动物看的眼睛通常意味着：你马上就要成为我的盘中餐了。蛇“恶毒的目光”就这样将家兔“催眠”至僵化（详见上文“蛇能催眠猎物吗？”这一节）。蝴蝶在逃避鸟的猎杀时快速展翅，秀出“画”在翅膀上的两只大眼，恐吓对方自己会吃了它。

不过，除此之外，世界上还有动物母亲凝视孩子时的“慈祥眼神”和异性之间充满爱意的眼神。

雄孔雀极大地强化了这一眼神诱发感情的效应，并将其为己所用。“艺术性极强的”大眼睛图案是其华美绝伦的尾屏的重点所在：位于中央的是个深紫色的“瞳孔”，在黄铜色的“眼球”上，祖母绿色的“虹膜”围绕在“瞳孔”周围。“虹膜”外围不仅有一个颜色与其形成鲜明对比的黄圈圈，还加盖上了淡紫色的“眉毛”——这真是自然界中最为复杂的装饰之一啊！

但这些眼睛并非为黑夜而生，而是反映了一段有趣的演化史。孔雀的装饰物由小变大，从简单的白色小点过渡到精致的眼睛图案。

凤头眼斑雉出现在雉科动物演化史的初期，它那拥有棕紫色羽饰的大尾屏已相当显眼，无数小白点不规则地分布其上，更是布满了全身。

灰孔雀雉代表的则是下一个发展阶段。它尾巴、背部和翅膀的羽毛上简单的眼睛图案已经显现出了细微的色彩区别。在每片羽毛上都有两只“眼睛”分布在羽管的一左一右。

从灰孔雀雉的羽毛特点变化到蓝孔雀那样极致的装饰需要完成三个变化：除尾部覆羽外，所有羽毛上的眼睛图案都需要全部退化；包括尾部覆羽在内的羽毛均增长成为拖裙式的尾羽；另外，紧挨在同一片羽毛上的“眼睛”合并成一只“大眼睛”。如今，我们还能在凤冠孔雀雉的身上观察到这个逐级合并的过程。在它身上已经有一部分“眼睛”缩到了一起，剩下的则还处于分离状态。另外，这一初始阶段的孔雀“眼睛”还有着另一个特点：“瞳孔”形状尚似肾脏。尽管如此，这个图案的色彩技艺也十分简单巧妙。羽毛上的色块闪耀着迷人的光芒，若仅用蓝色颜料并不能得到这种效果，要达到这种效果就得使用金属漆。

这也意味着凤冠孔雀雉的羽毛绝未染色，而是材质通透。但它其实是由 7 层非常薄的膜组成的，其间有一个带有黑色素线条的网格，黑色素就是羽毛的黑色颜料。根据那个网格的布局和不同的观赏角度，羽毛上千变万化的纯色会因折射和重叠效果展现出完美的光泽。

现在，请您看一看雄孔雀尾屏上童话般华丽的130只“眼睛”是如何对雌性产生影响的。雌孔雀慢慢靠近“凹面睛”的焦点时，突然间感到眼花缭乱。接着，它便尴尬、笨拙地啄咬着并不存在的食物，装得就好像自己只是为食物而来的。里德利博士将其解读为“自然艺术品所具有的迷惑感官的力量”，即魅力。

如今雄孔雀独自绕着圈圈，激动地颤抖着尾羽，等着“女士”聚拢到它身旁，好用它的美颜术再次将其迷倒。只有当雌孔雀在它面前躺下，表示同意交配时，雄孔雀才会上前交配。但在大多数情况下，并不会发生这样的事情，而往往是雌孔雀走开，去欣赏其他雄孔雀了。只有这样，雌孔雀才能更好地将各位“先生”加以比较，最后，雌孔雀可能会选择相貌最吸引它的那个雄孔雀。

毫无疑问，雌孔雀拥有敏锐的审美能力，尽管与此相关的是一种非同寻常的目的。

节庆的艺术

人们常说：一个人一生中最美好的时刻是欢庆节日之时。所以，一些动物会因集体欢庆喜事而一起摆脱痛苦，或因全体愤怒狂奔（如同印第安人跳战舞）而感到快乐，它们的这种行为也就不足为奇了。

按照诺贝尔奖获得者康拉德·洛伦茨教授的观点，当夜莺以高超的艺术技巧唱起花腔，当乌鸫平和地用春季的嗓音玩着旋律游戏，或是当欧歌鸫技巧精湛地变换着它唱曲的旋律，或是当美洲霸鹟那好似贝多芬小提琴演奏会的独奏曲主旋律的曲声响起，这些鸟儿所带来的东西可称得上是一种初级形式的艺术。可是，雄鸟可能只会在取悦求爱对象时才会展示出这样的歌喉，显示它“流行歌星”的一面。而其他所有雄性则会对这些鸟类热曲感到厌烦。

更令人感到惊奇的是，有的鸟会定期为听众举办个人演唱会，它的同类就是听众。对它们而言，这个天赋异禀的同伴所开的演唱会就是一场真正的听觉盛宴，一场盛大的庆典。为了能参与其中，我们必须前往非洲寻找环喉雀，去印度寻找斑文鸟，或是飞往澳大利亚去寻找梅花雀。这些羽色华丽的鸟儿成群地居住在那些地方。有时，在一棵它们栖息的树上，可孵化出上千只幼鸟。

夜幕降临之前，当它们聚集在满树的枝杈上并同时喧闹地互相鸣叫时，一只栖息在中间大树枝上的雄鸟突然开始扯着嗓子高唱起动听的号角式歌曲。周围的同伴们立刻集中注意力，它们的闲聊声变成了满怀敬佩之情的沉默。现在，它们尽可能近地靠到独唱者身边，歪着脑袋聆听歌声长达 15 分钟之久。这时，它们是在节日的氛围中享受这场演唱会。

演唱的方法和优美的编曲方式逐渐变得更具艺术性，声音也越发轻柔。听众也就靠得越来越近，到最后，只有站在树枝左右两端的邻鸟在将它们的耳朵贴到演唱者的“嘴边”时才能听见些许声响。对于其他鸟来说，表演已经落幕。

属于类人猿之一的长臂猿也会通过妙趣横生的方式来组织相似的庆祝活动。东南亚热带雨林里的日暮时分便是长臂猿们的唱歌时间。当一家之长发出响亮得可传至数千米远的动听嚎叫时，它的一群孩子就会用人猿泰山的方式聚拢过来，在树枝上找个位置，以便全神贯注地聆听父亲的歌声。可是不一会儿，它们就跟着父亲歌星的节奏蹦蹦跳跳起来，还会开心地互相拥抱。

科学家们下了大力气探寻这一节庆活动背后的生物学含义。他们认为：这种欢乐的聚会能够增进集体观念和队伍团结。因此，这类音乐活动是增进凝聚力的理想范例，而这也适用于动物世界。这个观点或许反映了现实情况，可上演这些成功的音乐演出的首要目的为什么不像人类一样是单纯地表达喜悦呢?

在野外，动物举行庆祝活动的事并不常见；这种活动只可能发生在五种情况下，即出于喜悦、庆祝集体婚礼、极度悲伤、愤怒至极或遭受袭击。

当一个动物族群从极度危急的情况下脱险后，它们会陷入狂喜之中，比如发生在亚马孙河支流贝卡巴河旁的一个例子。面对不断逼近的美洲豹，几只鸟发出了警报声。由 80 只松鼠猴组成的猴群马上躲进了一棵树冠茂密的大树的枝叶里。尽管美洲豹并没有听到猴子们的风声，但它却一直都在周围晃悠，窥视着一只水豚。此时，树上的猴子们一动不动。最终，在猴群经历了 4 个小时极度恐慌的等待后，美洲豹放下未尽之事离开了。

等到美洲豹离开并到达能用耳朵察觉松鼠猴动态的范围之外后，紧挨在一起的松鼠猴立马便散开了。在美洲豹的“聋区”内，这些小动物在树枝间荡来荡去，跳上跳下，抱着脖子，互相拥抱，并将树枝拍来拍去。这场庆祝会持续了大约半小时，那是一场享受生活之乐的摇滚音乐会。

一次，守林人格尔德·拉默斯（Gerd Lamers）在高处观察到了一个特殊场景——绝不会有如此荒唐的事情。在晨曦的照耀下，一群鹧鸪在一块大约 15 厘米高的麦田上啄食，它们注意到了一只狐狸正在从远处靠近。鹧鸪群立即挤进了一条沟壑中，一动不动地待在那里。它们就这样静静地蜷缩在那儿足足两个小时。狐狸没有发现它们，待狐狸离开之后，鸟群就开始跳起滑稽的欢乐舞蹈。鹧鸪们像小羽毛球似的跳起大约半米高，一直上蹿下跳，彼此围绕。

压力研究者认为：在紧急情况过后，动物们会察觉到自己运动的欲望，因而会通过活动来减少体内导致压力的激素，并以此避免健康受损。

另外，相当滑稽的是，在岩羚羊身上也能观察到类似的情况。冬日的山区，暴风雪会肆虐数小时之久，动物们在突起的悬崖峭壁上彼此紧挨着寻求保护，并长时间保持几乎静止的状态。之后，当太阳重新露脸时，岩羚羊们会跳来跳去，并在一块有积雪的陡坡上跪着玩起真正的雪橇游戏。

在加拿大的野生狼群中，会更加经常地迸发出这种喜悦。当狼群中有新生命降临却又面临着食物短缺时，寻找狩猎机会的任务就落到了领头狼的身上，它得独自远行去侦察情况。领头狼外出的时间可能长达三天之久。

与此同时，其余的狼绝不可能因没有了“暴君”而备感开心。相反，领头狼在外待的时间越长，它们就会愈感不安、焦躁与紧张。领袖的成功回归对于所有成员而言都至关重要。领头狼最终归队时会受到热烈欢迎。小狼高高地跳到它的身上，舔它的脸颊。成年母狼也急匆匆地迎过去，躺倒在地，来回翻滚，表达其无尽的喜悦与归顺的态度。在饥饿的狼群准备好跟着首领去狩猎之前，这个欢迎仪式可能会持续 20 分钟。

当生活在印度的灰叶猴猴群中的一个雌性产下幼崽，它们就会好好组织一场庆祝活动。所有雌猴都会在新生儿诞生后聚拢过来，惊奇地注视着孩子，用手指小心翼翼地轻挠着它，做出各种鬼脸，用嘴唇发出吧唧声。简而言之，它们在端详新生儿时也会和我们人类一样，做出天真的动作。

雄猴们对此没有表现出丝毫兴趣，雌猴们则在孩子周围紧紧地围成一个圈，然后依次哄抱这个小家伙。如果它在哪个"阿姨"腿上坐得久了些，其他"阿姨"就会不高兴，它们会试图从抱着孩子不放的雌猴那里抢走幼崽。不过，尚无经验的"女孩子"在这个圈子里会表现得稍显笨拙。它们尚不清楚该如何抱孩子，也不知该如何对待它，它们会快速地将幼崽交到邻座的手上。

在"妇女茶话会"上，大家围坐在一起庆祝新生命的诞生。但是，茶话会上却没有食物。这正是动物节庆的特点。它们并不吃东西，它们忘记了饥饿。

火烈鸟（红鹳）的集体订婚也是一个充满了喜悦的庆祝活动。在东非碱湖岸边站立着 80 万只身着粉色服饰的鸟，这种颜色显得那么不真实。突然间，有一个脑袋在鸟群中某处高高翘起，它的喙指向天空，发出连续的喉音。接着，它展开双翅，开始了穿过鸟群的分列式表演。

不一会儿，又有更多的火烈鸟伸长了脖子，跳着走起了列队，试图加入这场"狂欢节游行"。最终，上千只火烈鸟受到了群体兴奋的感染，加入了吸引人的订婚集体游戏之中。在同频率的摆动中，一雌一雄走到一起，彼此和睦相处……为了几天后能缔结良缘。

生活在南美洲的燕尾娇鹟在我们看来简直就是“舞蹈之鸟”。它们的体形比山雀还小，却拥有着梦幻般的彩色羽毛。不过，在至少有三只雄鸟像旋转木马那样环绕着它疯狂地边跺脚边转圈至少一个小时之前，燕尾娇鹟“女士”是不会准备答应结婚的。

雄鸟们显然很享受这样的轮舞。如果恰好没有雌鸟在场，它们自己也会跳起这种舞蹈来。它们将最年轻的雄鸟作为“女士”的替代者，让它站在队伍中央，然后兴奋地围着它转圈圈。

不过，在整个动物界，最令人印象深刻的当数非洲象的追悼仪式。这种现象在动物界极为少见。大象属于极少数**对死亡有所认知的动物**，它们的追悼仪式正是基于这一事实。

如果族群中有成员在60岁至70岁之间因年迈而逝或因病去世，其尸体常会在接下来的三天中受到其他成员的保护，免受鬣狗和秃鹰的偷盗。之后，象群会用泥土、草块和树枝将其掩埋。如果幼子夭折，母象会用长牙带着它死去的孩子数天之久，好似不愿意接受孩子死亡的事实。

乔治·亚当森（George Adamson）是母狮艾莎赫赫有名的“父亲”，他向我们讲述了一头在闯入农场后被农场主枪杀的大象的故事。在人们瓜分完象肉后，大象骨头被扔到了800米外的垃圾堆里。次日晚上，象群中的其他成员纷纷赶来，肃穆地用象鼻将骨头捡起，像受了幽灵的诅咒似的将骨头来回晃动，然后庄重地将它们运回了同伴死去的地方：去世之地似乎对它们的纪念活动有着重要的意义！

在整个动物界，迄今，我们只在海豚和**青潘猿**（黑猩猩）* 身上看见过类似的事。比这更为特别的事情大概只能到青潘猿这种大猿的仪式中去发掘了！它们的仪式就像受到了幽灵的诅咒。发现者珍·古道尔（Jane Goodall）教授称之为“雨舞”。

雨已经下了一整个早上。一支由 16 个青潘猿组成的队伍闷闷不乐地从树上下来，肩并肩地一起倚靠在一个陡坡旁边。它们将身体向前伸展超过膝盖，屈身，垂头。看起来，它们在等待雨过天晴的那一刻。

可到了正午时分，大雨、闪电与雷声却变得更为剧烈了。此时，一个强壮的雄青潘猿吼叫着跳了起来，捶打着地面，敲击着树枝。他的怒吼声突然间感染了另外 6 个雄猿。这支队伍一分为二，一队接着另一队冲上了长着草的林间陡坡。

可就在快要到达山脊时，一个青潘猿突然掉转了头，以最快的速度大叫着冲下陡坡，并用一根树枝打向树干。随后，另一个小队的排头兵也以同样的方式冲了下去，并效仿前者的行为。与此同时，

---

* 在汉语中，四种大猿的西方语言（以英语为例）名称（Orangutan, Chimpanzee, Bonobo, Gorilla）迄今分别被通译为猩猩、黑猩猩、倭黑猩猩、大猩猩。由于这些大猿名过于相似，汉语界缺乏专业知识的普通大众乃至大多数知识分子都搞不清楚它们之间的区别，因而经常将这些词当作同义词随意混用或乱用，从而给相关的言语交流和知识传播带来很大不便。为解决这一困扰华人已久的问题，经长期考虑，本书系主编赵芊里提出一套**大猿名称**的**新译名**。一、将 Chimpanzee 音意兼译为**青潘猿**；其中，“猿”是人科动物通用名；“青潘”是对“Chimpanzee”一词的前两个音节［tʃɪmpæn］的音译，也兼有意译性，因为“**潘**”恰好是这种猿在人科中的**属名**，而“**青**”在指称“**黑**”［如“青丝（黑头发）”“青眼（黑眼珠）”中的“青”］的意义上也具有对这种猿的皮毛之黑色特征的意译效果。二、将 Bonobo 意译为**祖潘猿**；因为这种猿的刚果本地语名称“Bonobo”意为（人类的）“**祖**先”，而这种猿也是潘属三猿之一，是青潘猿和（可称为稀毛猿的）人类的兄弟姐妹动物，且是潘属三猿之共祖的最相似者。三、将 Gorilla 意译为**高壮猿**；因为这种猿是现存的猿中身材最为高大粗壮的。四、将 Orangutan 意译为**红毛猿**，因为这种猿是唯一体毛为棕红或暗红的猿，红毛是这种猿与其他猿最明显的区别特征。本书**此后**出现的大猿名称都**照此**翻译，不再另加说明。——主编注

雌青潘猿与幼崽爬到了周围的树上，关注着这场战舞。

在山脊上，下一位杂技表演者已经就位，它大幅度地摆动身体，挥动双臂，然后奔跑着冲向山谷。此时，其他青潘猿也爬上了树，从七八米高处跳下，折断树枝，并在“起跳”时大叫着将树枝丢在身后。

下山后，每个青潘猿为了喘口气再次跳到了一棵树上。雨越下雨大，闪电闪烁不止，雷声盖过了青潘猿们的叫声。可就在此时，游戏很快又从队伍的前端开始了。实在是吵闹不堪!

经过了大约 15 分钟恼怒的咆哮后，“托钵僧舞”戛然而止，就如同它开始时一样突然。这时，那些观赏者赶紧从树上爬了下来，庄重地朝丛林覆盖的大山的顶部走去，而后消失在山坡的另一侧。

古道尔教授观察到了 6 次这样的活动，在她看来，这是一种对老天爷的集体抗议活动：将对自然力量的无力愤慨以耗尽体力的集体行为惊人地表达出来。整个仪式中实际上只有威胁的手势和对自身力量的卖弄。虽然青潘猿们无法将怨气发泄在恶劣天气的罪魁祸首即那不可见的老天爷身上，但它们为此而痛击树木，展现出了自己是一支何等令人生畏的战斗队伍。如果说围观的雌青潘猿和幼崽们被雄青潘猿们的仪式深深震撼了，那么，它们可能也影响到了那位可让恶劣天气好转的老天爷。

这个仪式实际上已十分接近于原始人类族群中的巫术了。

动物们也有（能思情欲的）心灵吗?

德国长毛雌犬西塔正趴在主人屋内的狗窝里打着盹。一切如旧，唯一的不同在于这只家犬今天被装上了测量心电图的装备，就好比人类在需要进行心脏功能检测而就医时那样。西塔的心率十分平缓，大约为每分钟 66 次。

同往常一样，它的主人奥托·冯·弗里希（Otto v. Frisch）教授坐在书桌旁，背对他的爱犬。突然，他坐在原位轻轻地说了一个词“小猫咪”。西塔看起来仍顾自待着，双眼紧闭，耳朵没有任何反应，尾巴也一动不动。可心电图却显示，西塔的心率从 66 次 / 分骤增至 102 次 / 分。在冷静的外表下其实暗藏着雌犬内心中的情感爆发。它是一只生来就会追猫上树的动物，尽管它不可以这么做。

行为研究者们借助这台心率测量仪开始了对动物内心波动的研究，这些内心波动通过行为是无法洞悉的。科学家想利用一种测谎仪来了解动物的精神生活与感情世界。

在上述实验中，这只家犬的心跳从每分钟 66 次大幅度上升到每分钟 102 次，着实令人震惊。如果在一个人听到他仇敌的名字时测量他的脉搏，他体内血液的流动速度大多不会快到如此程度——除去极端情况，每分钟最多提高 2 次或 3 次。由此我们可以断定：犬类有着比人类更易波动的内心世界。

另一项观察结果印证了这一判断：一条狗平静地躺在窝中，只有当它睡着且未受到梦境影响时，它的心率才会表现得相当平稳。尽管狗在打盹时看似对外界毫无反应，但实际情况却大有不同：当它听见邮递员远处的脚步声时，恨不得撕破他的裤腿。当它闻到家庭主妇从冰箱里取出猪排时就会想：一定是孩子们要放学回来了。想到能和孩子们玩耍，它也心猿意马了，尽管在外表上没流露出一丝神情。

如果我们将心率看作内心激动程度的指标，那么，由上述实验而得出的结论可谓极具挑衅性：无论是在人类还是在犬类身上，同样都有情感。但至于情绪的强度，动物却要高出人类许多：它们有着更易怒的脾气，开心时可一跃登天，悲伤时会感到万般皆空，满怀期许与渴望。但我必须承认：动物们性爱的激情也充满了迷人的自然力量。就连它们的归顺与忠诚，对朋友的情感，也是如此。

不过，相比于人类，动物们的情绪要易逝得多：久别情疏！几秒钟前，一条狗对着花园栅栏外的行人狂吠，但几秒钟后，又立马将其遗忘。其他事物会转移它的关注点。登天的喜悦与欲绝的哀痛在它们身上紧密相连。

根据上述“测谎仪”测试，科学家们终于证实：其实，**动物也有感情**。真正喜欢动物的人从未怀疑过这一点，而很多其他人却就此话题热议至今。

可是，当一只蜜蜂试图穿过窗户上的玻璃回家却徒劳无功时，我们能说它有思乡之愁吗？当大象母亲用长牙带着死去的孩子游走数天，我们是否在将悲伤的情感用一种不科学的拟人手法强加在它身上了呢？家犬与主人患难与共，这真的关乎忠诚吗？学者们对这些问题的看法不一，目前仍无定论。

这种把动物人格化的可笑做法是有来历的，它同时也是人与动物的关系史。这段历史以 1869 年在阿尔弗雷德·布雷姆（Alfred Brehm）《动物生活》一书中不幸的人格化描写作为开端：仅根据人类的道德准则和利益标准，所有的动物被分成了好与坏或有益与有害，并相应地被保护与屠杀。对无数动物而言，这种做法让喜剧变成了悲剧。

历史上，这种动物观最盛行的时期是1912年、1923年及1930年，分别以瓦尔德马·邦塞尔斯（Waldemar Bonsels）《蜜蜂玛雅历险记》中的自然狂想、费利克斯·萨尔滕（Felix Salten）违背事实却打动人心的森林田园诗《小鹿斑比》以及诺贝尔文学奖获得者莫里斯·梅特林克（Maurice Maeterlinck）《蚂蚁的生活》一书中蚂蚁神秘的超能力为标志。时至今日，这些想法的精神遗风仍然在通过电视编辑塑造银屏灵犬莱西、海豚飞宝、袋鼠斯基皮以及动物医生的过程中作祟。

早在1924年，动物科学家们就对这些虚构的科幻作品提出了强烈的抗议。各机构内的研究者试图借助俄国诺贝尔奖获得者伊凡·巴甫洛夫的反射理论去解释动物的所有行为。

什么是反射呢？当医生用橡胶锤敲击人的膝腱时，小腿立即出现前踢反应，耀眼的彩色灯光使我们的瞳孔收缩，闻到煎炸食物的香味便分泌口水，这些现象都是反射。在反射现象中，刺激源的工作原理就好比自动售货机中的硬币。或者说就像门铃，一按下按钮，反应就随之而来：强制而没有感情。

为此，动物们不再被视为情绪丰富的“小歌德”，而被打上了“毫无情感的反射器”的标签。钟的指针从一个极端摇摆到了另一个极端。在家犬摇着尾巴看着它心爱的主人时，这些学者甚至拒绝承认：“它很开心。”在数十年的时间里学校教育学生：“不要将动物拟人化，不要用人类的情感动机去解释动物的行为，因为感情是人类特有的。”

这种否定动物们有内在的情感和其他心理现象的论断会带来比基于道德与经济视角的评估更为严重的后果：如果动物们毫无情感

可言，那么，人类就可以毫无顾忌地将牛犊塞进杆状箱笼，就可以养无毛的母鸡，并将其关进“排笼集中营”中。那里拥挤不堪，鸡与鸡互相蹭得血肉模糊，翅膀折断。如今，甚至还有家禽饲养者无耻地要求伯恩哈德·格里茨梅克（Bernhard Grizmek）教授向他们证明动物有能力承受疼痛！

如今，现代比较行为学采用了诺贝尔奖获得者康拉德·洛伦茨创建的本能学说：动物绝不只是“反射机器人”，它们的行为还受到无数本能的控制。

何谓本能？举个例子：一只温顺的欧亚鸲开心地在教授的书桌旁跳来跳去。突然，研究者从它身上拔下了一小撮红色的羽毛。欧亚鸲先是感到震惊，随后，从它竖起的羽毛中我们就可以感受到在它内心滋长的怒火。它一边生气地叫唤，一边跳到了那撮毛边上，像面对一只欧亚鸲劲敌般啄啄、翅打被拔下的那撮羽毛。

在此，“一撮红色羽毛的敌意信号”是刺激源，欧亚鸲对此做出的反应则为“攻击”。不同于反射行为的是，在本能的刺激与反应之间还有一个重要的决定性因素，一种使人在怒气冲天时很快就会做出反应、发出攻击的感受。如果不受反射或是理智的控制，那么，所有行为的“内在发动机”便是感情。从此，动物又被允许拥有内在的感情活动了，因为感情是促使动物有所行动或在紧张环境下有所自我克制的动力。

我也可以反过来说，只要有感情在我们体内活动，就必定有本能环绕着我们。换言之：有无数的感情左右着我们，也有无数的本能在我们身上施加着影响。

感情是内心生活的一个组成部分。心理学即精神学致力于心灵问题的研究，动物心理学即研究动物内心生活的学科。从这个意义上来说，人类再度承认动物也有精神或心灵也就说得通了。宗教意义上的灵魂则被认为是人体内可升至天堂的不朽部分。

我们同样可以用神经生理学来证明上述之事。发生反射的神经由接受刺激的感官连接到简单的“线路”并延伸到脊髓，并由脊髓出发传递到每块参与反应的肌肉上。整个过程便是如此。

不过，在发生本能反应时，来自接收器官的神经信号即所谓的行动潜力会传递到远得多的地方，更确切地说，会直到脑干*，并在那里形成极为复杂的（神经）“电路”。正如大量实验所指明的那样，情感便产生于此。这个相对较小的、从演化史上看较为原始的脑区其实是“情感基地”。情感在此萌发，并为反应行为提供动力基础。

所有较高级的动物，如鸟类和哺乳动物，在身体做出反应之前，脑干中还在处理刺激信号，这些信号仍会对行为动机产生影响。大脑容量较小的动物相应地能力也弱，大脑容量大的动物就能完成大事，而“大脑恐龙”即人类则可以成就（智力上的）壮举了。

这也显示了人类行为与动物行为在何种情况下都具有可比性，以及我们何时会错误地将人类的特征强加到动物身上。在脑干生成的人与动物共有的这些感情的基础上，如果我们想在观察动物的过

---

* 原作者在此展示的关于情感的神经生理基础的知识是过时的、错误的。根据现在科学界公认的较新的生理心理学知识，情感的神经生理基础是介于大脑皮质下方、脑干等神经基底组织上方的中间神经系统（包括下丘脑、丘脑、杏仁核、扣带回、海马）。其中，下丘脑是情感的发动和表达区，扣带回是情感的综合和感受区，是人或同样具有该神经组织的其他动物真正产生喜怒哀乐等情感体验的地方。脑干其实是控制心跳、呼吸、消化、体温、睡眠等（无须自觉意识参与的）基本生命活动的一种自主性神经组织。关于情感的神经生理基础这部分内容，书中按原文原义译出，但读者必须注意：书中的这部分知识其实已过时，因而，不能再相信、认可并传播书中所展示的错误观点。以下涉及“脑干”时不再重复注释。——主编注

程中得到些收获，那么，我们不仅可以将人与动物放在一起比较，而且，这种比较是必要的。为此，康拉德·洛伦茨教授提供了大量的珍贵案例，这些案例向我们展现了动物的人性与人类的动物性可达到什么程度。

在我们判断大脑对感情行为的影响时，一个更难解决的问题便出现了。人类必定拥有一些动物所不能及的精神领域：道德，伦理，宗教，高级形式的深刻认知、学习与审美，以及令人惊叹的创造力。将这些特征加诸蜜蜂和蚂蚁这样的动物身上实属荒谬、胡闹、劣俗，对认识生命的相关性毫无益处。动物们绝不会如此具有人性！*

不过，在两个极端之间我们还发现了一片广阔的过渡区域，它控制着动物的行为，无论脑容量大小。猕猴、灰雁、狼、象以及许多其他动物都会根据自己的记忆以及与当前状况相关的好与坏的经历做出行为决策。

例如，一只较年轻的草原狒狒会回忆起从前因在靠近族群首领时没有谦卑地鞠躬而遭其暴打的场景，现在，它总会毕恭毕敬地向首领“问好”。这个例子只向我们展现了交往行为领域中一个很小的部分，过往的经历会极大地影响当前的行为。无论在交配行为的方式、亲子关系或是群居生活中的哪个领域，大脑始终在行为决策中起重要作用。在这些领域中，我们就能找到人与动物最令人惊讶的相似之处。

基于动物们也拥有感情这一认识，我们更有义务加强动物保

---

* 根据当代动物行为学权威人物弗朗斯·德瓦尔（Frans de Waal）等人的较新的相关研究成果，本书作者在本段中所表达的关于人与动物的差异的观点也是成问题的，读者们不可轻信。——主编注

护，并停止任何形式的动物虐待。不过，又有其他问题出现了：是否所有动物都拥有感情呢？就连低级动物水母和其他小昆虫也有感情吗？

1935 年，一位蜜蜂研究者进行了一项残忍的实验。他这样记录道："实验捕获了一只蜜蜂，那时它正停在杯沿上贪婪地舔食着蜂蜜。当人拿着剪刀靠近它，并将它的躯体剪成前后两段时，它都一无所知。这只蜜蜂仍在不停地吮吸蜂蜜，尽管吸入的蜂蜜马上又从被截断了的'腰间'漏了出去。"在很长一段时间内，这一实验都被看作昆虫没有情感的例证。

可是，1965 年，美国教授文森特·德蒂尔（Vincent Dethier）的一个发现却震惊了学界：就连昆虫也能感受到疼痛。他写道：蝇类也有爱、恨、痛苦，也会害怕。为此，他举了一个例子：对昆虫而言，少了一只翅膀、一条腿绝不会毫无感觉。生物化学实验已表明：受伤后，它们的体内马上会释放激素及其他化学物质并进入血管，这类似于人体在情绪剧烈波动的情况下的反应。

蜜蜂甚至有可能有一种思乡情绪。我们在一朵花旁抓住了一只蜜蜂，并把它关起来，因紧张而产生的一种化学物质很快就会进入它的血液，使其惊恐万分。若不将它放生，它就会在几小时内因紧张而死去。

但是，姬蜂在其蜂卵处于危险时奋力抗敌能称为爱吗？胡蜂"生气地"飞出被毁坏了的蜂巢是因为恨吗？一只迷路的蚂蚁呆滞地站着是出于悲伤吗？对这些问题，我们或许能做定量的描述，但从未能做出定性的记录。现在，我们或许可证明一种动物能感受到什么，但具体为何，谁会去深究呢？

奥托·冯·弗里希教授又在海龟身上进行了我们在前文所介绍的“测谎”实验，这个实验引发了我们对许多动物奇特的感情世界的猜想。如果像敲门那样用手指敲击龟壳，那就能彻底触发海龟的紧张情绪，它快速缩头的动作便证明了这一点。不过，在少数情况下，也会产生另一种结果：如果海龟不是在地上走，而是在水中游，那么，在遇到有人敲击龟壳时，紧张情绪只会让它的心跳每分钟增加一两次。事实上，海龟有两种完全不同形式的紧张：一种产生在水上，一种在水下。二者截然不同。海龟的第二种紧张情绪或许有着这样的生物学意义：在水下遇到危险时，为了尽可能久地不要因为呼吸而暴露在危险中，两栖动物会将其所有的生命功能都调整到类似于冬眠的最低值。人类或许永远都无法体会海龟在这两种紧张状态下的感受。尽管如此，我们还是应该平静地承认：“动物也会感到恐慌。”因此，我们所能做的是：将动物们视作可知冷暖苦痛、需要我们人类帮助的生命体，并善待它们。

当然，我们也可通过其他方式来描绘动物内心的感情世界，正如当下严谨的自然科学家们所用的方法。

在主人回来时，家犬会直摇尾巴，我们完全可以说：“它很开心。”不过，在许多学者看来，这样的表达过于拟人化了，他们更喜欢将动物身上发生的生理过程描述为物理和生物化学层面的一系列反应。所以，他们避免使用拟人的描述手法，取而代之的则是科学的方法。但他们的表达也因此与实际生活严重脱节，他们不会说“狗很开心”的。

美感的起源

德国动物学教授伯恩哈德·伦施（Bernhard Rensch）将几幅由青潘猿刚果和卷尾猴巴勃罗（它的姓名已昭示了其绘画天赋*）涂抹而成的“抽象画”在不透露原画家信息的情况下交给了德国明斯特大学的现代艺术鉴赏专家。

专家的评定结果如下：“画面体现了极为出色的节奏感，图形与用色充满动感并十分和谐。”只有一位心理学家认为这些画是“一名极具攻击性、患有精神分裂症的女孩的作品”。

这个把动物当成“艺术家”的事件一出，丑闻随之而来。一些人反对“无耻地将现代艺术拼命抬高”，另一些人则认为这是“对人性尊严的侮辱”。有些人甚至至今都不肯搭理这位动物学家和演化生物学家伦施教授。

这些人不愿意看到的并不是贬低人类的艺术，而是不愿意承认自然的审美的初级阶段在动物世界中就已经初现端倪。

其实，人们终究没有质疑这些由猿或猴子作的画，它们看起来真的不错——不仅我们人类这么看，它们自己也这么觉得。事实表明，猴子们经常发作狂躁症：这种发作不是在有人试图在“作品”完成前就拿走画纸时，就是在有人要求它们再多画几笔时，因为这时它们自认为画作已经完美了。

和那些真正的人类艺术家一样，猿或猴** 作画并不是为了获得

---

* 世界著名的西班牙画家毕加索的名为巴勃罗。——译者注

** 在德语中，猿与猴是同一个词，即 Affe。Affe 具体是指猿（无尾灵长目动物）还是猴（有尾灵长目动物）要看上下文中具体出现的是哪种灵长目动物。在没有具体所指的情况下，Affe 就相当于汉语中作为猿与猴合称的“猿猴”。——主编注

报酬，而是出于对绘画的热爱。有一次，教授试着用“食物作为奖励”，但结果却令人大跌眼镜。为了快速地用最劣质的涂鸦换取香蕉，猿或猴一个个在几分钟内就用猿猴式速度完成了一幅又一幅画作。这就是猿猴界的（基于实用目的的）“实用艺术”*。

不过，猿猴真的能进行艺术创作吗？为了回答这个问题，让我们先来看看动物世界中其他一些技艺精湛的艺术家。

首先，鸟类在寻找配偶时显然展现出了对美的欣赏与追求。只有歌声最动听的雄夜莺、乌鸫、云雀、鹪鹩、鹡鸰、金丝雀才有机会被同种鸟中的雌性选中。

年轻力壮的雄鸟的演唱大多都有瑕疵，所以，在首个发情期内，很少有雄鸟能成功地找到配偶。作为舞会上的旁观者，它们还有机会用一年的时间提高演唱的流利度，为它们的曲调收集更多（能让听者觉得）美的元素与变奏的灵感，并将音准和节奏练习到无懈可击的程度。

鸟声研究者利用声谱仪发现：鸟类在其歌曲中表现出了许多与人类相比更强的节奏感、更准确的音调、更强的音乐性及更讲究的曲调顺序等。这是为什么呢？鸟类将它们的爱情转化为音乐，并将自己的情绪传递给听众，其中也包括寻找配偶的雌鸟，并以此激发雌鸟的爱意。对人类而言，音乐成绩差只会在学生时期令人感到沮丧，而对鸟类来说，这就意味着终生丧失了交配权。所以，鸟类是比人类更好的抒情歌者。

---

* “实用艺术”原文为“Kunst am Bau”，德国的公共艺术项目，规定在建造城市建筑时至少有1%的预算用于建筑艺术，并受联邦和各州相关条款约束。此处是指猿猴以获得实利为目的的符号性创作活动及其产品。——译者注

没有被自然赋予动听嗓音的鸟类在其他方面演化出的美也毫不逊色，例如：羽毛的装饰、用以点缀鸟巢的饰品以及极富韵律的舞蹈动作。

极乐鸟、孔雀和锦鸡，琴鸟、松鸡和蓝凤冠鸠，和平鸟、美洲木鸭和草鹭，黑喉潜鸟、蓝鹤和鸡尾鹦鹉，宝石蜂鸟、紫蓝金刚鹦鹉和许多其他鸟类甚至放弃了保护色，其中的雄鸟因此冒着死亡的风险。而它们这么做只是为了用彩虹般绚丽的羽色、如海浪般飘垂的长羽和那如同镶嵌了宝石般的迷人长袍给雌鸟留下深刻的印象。

许多种鸟甚至会定期聚会，举行选美比赛。在比赛中，雄鸟相互炫耀、展示，竖起羽毛，像挥舞旗帜那般摇动尾羽，还会如同打开珍宝盒精美的盖子般展开庄重华丽的尾屏。雌鸟通常单独赴会，雄鸟们这般夸示才方便让雌鸟在它们中间选出最美的“男子”。毫无疑问，雌鸟真的具有审美能力。

鸟类身上醒目的羽毛可能会招致敌害的威胁。澳大利亚的爱亭鸟（Liebeslaubenvögel）* 对此深感恐惧，所以，它们不追求羽色的艳丽，转而追求建筑的奢华，将交配专用的鸟巢装点得非常华丽。

生活在澳大利亚北部的造亭鸟将许许多多的小树枝堆积在幼树的树干周围，利用树枝编织出可达 3 米高的塔。按照同等比例计算，这座塔相当于 80 米高的人类建筑。

就像美国金融界的顶级康采恩集团在曼哈顿盖起摩天大楼，相邻的雄鸟也都试图用它们的建筑战胜他者。

对另一些造亭鸟而言，建筑物上的装饰比其规模更重要。色彩

---

* 爱亭鸟是造亭鸟（常被称为园丁鸟）的一种。——译者注

艳丽的浆果、斑斓的昆虫壳、蜗牛壳、松脂、花朵、白骨、蛇皮以及彩色的石头装点着它们的环形围墙和“迎宾室”。

一次，一群研究者诱骗一只大亭鸟*做起了手工活。它用了 92% 的灰白色石头和 8% 的绿色石头装饰鸟巢。可研究者又抓了几把绿石头，因为他们觉得这样看起来更漂亮。不过鸟儿可不这么想。它马上就拿掉了所有多余的绿石头（可能是因为这样装饰太艳俗了？）。

雄缎蓝亭鸟甚至会为爱巢的墙壁上色。它从树干上撕下一块树皮或捡来一片枯叶做工具，用喙叼着它的一边，犹如握着一支画笔。

根据所需的不同颜色，它用水果和唾沫混合而成蓝色或绿色。雄鸟将颜料倒出调色盘，也就是它的嘴巴，用“画笔”取色。然后将颜料抹在墙上，就像一位专业的画家。

另一些动物会通过运动的和谐感，通过舞蹈来达到类似的艺术享受。下面为大家介绍其中的一个例子。绿头鸭的相亲过程会让人想起从前宫廷仪式上严格的礼数。它们在一个水上竞技场中举行集体求偶仪式。该区域内所有的雄性参赛者都汇聚一堂，而雌鸭们则在它们周围围成一个圈观看比赛。

它们的舞蹈顺序如下：就像接受了舞蹈学校中的填鸭式教育，它们一边摆动全身，一边摇着尾巴，然后用喙朝心仪的对象投去水滴；与此同时，它们先咕咕地叫，然后又嘎嘎地叫，并同时摇尾与点头；接着，它们镇定自若地高高地叠起双翼，看向自己相中的雌鸭，点头、仰头并摆动尾巴。然后，同样的舞序又从头开始，周而复始。

---

* 大亭鸟也是造亭鸟的一种。——译者注

只有在比赛中跳出完美舞步的雄鸭才会得到雌鸭的关注。雄鸭在舞蹈比赛中不能犯错，不能漏了动作，不能迈错“脚步”，也不能在舞蹈中平添些什么，而只能循规蹈矩，完全遵照动作程序来做。

如果一只雄鸭成功地完成了一场技艺精湛的演出，一只或多只雌鸭有可能会十分激动，并兴奋地在雄鸭演出期间就游过来。这种反应就相当于鼓掌！

与所有的情感一样，这些有关审美（而非艺术）的例子全都基于动物的本能。

这让我们想起了本能与刺激的关系：一种天性（如攻击性和性欲）总是需要一种外在的刺激源（敌人或性刺激）来触发。本能在生命体内部首先激发出一种感觉（愤怒或性冲动），这种感觉随后会激发出一种行为。

我们早已熟知的另一个事实是，动物在寻找配偶时会制造各种可能性，但唯独不会卖弄与性刺激相关的东西。可以证实的是，性刺激无法吸引未来的伴侣，反而会把对方吓坏。

因此，大自然必须再发明出些什么东西，才能让陌生的雌性与雄性互相选择。两性间的相互选择得益于它们与生俱来的审美能力——另一种本能：雄性在感受到快感时唱起歌、跳起舞，打造出装饰精美的鸟巢或展示出一身醉人羽毛的光泽。在一旁观看的雌性同样觉得这很美，它们体内燃起了一种幸福感，促使它们希望靠近雄性或与之结合。这就是动物的审美能力的最初来源。

猿猴的审美能力则向前迈进了一大步。它们能将由情感激发的一些信号抽象成一般的形状。择偶时，它们偏爱体形好看、匀称的异性。这离猿猴对其画作有比例均衡的概念仅一步之遥。

荷兰的青潘猿研究者阿德里安·科特兰德（Adriaan Kortlandt）博士多次观察到它们安静地凝视落日，伦施教授还多次看见青潘猿专心地坐在笼墙前用手指勾勒出影子的形状。如果我们将这些情况都考虑在内，那么，我们就能清楚地明白这种“进步”意味着什么。

可不管怎样，青潘猿的作品与人类的现代抽象绘画仍然存在天壤之别。德国科隆著名画家罗兰·拉·尼尔（Roland La Nier）的创作便是一个例子。

这位画家痴迷地沉浸在现代音乐的世界里，比如埃德加·瓦雷兹的电子音乐《起源》，并将他从中感受到的强烈情绪用油画颜料抽象地表现在画布上。

猿猴从未掌握过如此高度抽象的绘画艺术的创作过程。

1979 年，三岁大的雌青潘猿莫亚向人类展现出了动物在抽象绘画方面所具有的最高能力。它完成了一件在人类看来动物绝不可能完成的事情，这件事就算是同龄的小孩也还无法完成：它用铅笔画出了一只猫、一颗草莓，并多次画出一只鸟。

这已经体现出青潘猿有兴趣将“抽象的图画”绘于纸上。青潘猿还会打手语，或是将具有象征意义的图形当作“词汇”去理解——这些能力已众所周知。美国内华达大学的艾伦·加德纳（Allen Gardner）和比阿特丽斯·加德纳（Beatrice Gardner）博士报告了下述新的研究成果。雌青潘猿莫亚从出生起就在加德纳家中成长，并掌握了 117 个手语单词。它经常和自己的“养父”一起坐在一本活页画册前，但只会偶尔对画册抓上几下，加德纳称之为“意外的抓痕”。可是，有一天，莫亚突然自发地在一页新纸上画了几根线条。加德纳博士觉得一页纸上只画这么几条线未免太少了，便要求莫亚继续作画，可它却罢工了，表示：“画完了！”在打了几个哑谜之后研究者加德纳突然想到问莫亚：“这是什么？”莫亚毫不迟疑地回答道：“鸟。”

莫亚的作品真的是一只鸟吗？或者，这只是手语体系中的一个图案？一只手伸出食指和拇指，其余的三根指头像翅膀般上下摇动。比这些问题更重要的是，加德纳博士想确定莫亚的确想画一只鸟，并按照它自己的想法付诸行动了。当加德纳博士再次发问时，这个雌青潘猿重复了“鸟”这个回答，并像看傻子那样看着这位学者，因为它觉得他很傻——就像人类中的小孩子在父母没看明白他们的第一幅画时那样质疑大人的智商。

其间，莫亚又画了几次鸟的图案。有一次它还画了一只猫，另一次画了一颗草莓——如果人类可以这样解读青潘猿姑娘的作品的话。倘若这些阐述都得到了证实，那么，由动物完成的第一幅画作就已经摆在我们眼前。

那是莫亚从人类这里学到的语言知识吗？语言知识能否帮助动物们更好地思考？能否让动物们在面对一些物品时产生由物而生的想法，并开启表演艺术的序幕呢？

在强制性节奏中生活

雇佣兵敲击出的隆隆鼓声让19世纪初期的战败队伍再次感受到了胜利或是死亡的气息。敲击节奏也会让一名情绪紧张的学生心跳加快。亨德尔的广板曲子能让人敬畏得以至于颤抖起来，而工业心理学通过理性的算法所选出并制作出的轻快曲调则能提高工厂里的工人及办公室内的雇员的工作效率。就连医生也建议：精神不稳定的病人可听一些精选乐曲，它们的节奏有治疗效果。

我们总是将这种方法用于不同的目的。不过还从未有人将这股神秘的力量即富有节奏的响声放在人类身上进行试验并全面探究。

进行曲的发明并非用以愉悦士兵，而是为了使他们走出整齐的步伐。可是在骑兵前进时，所有的马匹都“踏着”完全不一致的脚步。在马戏团的高阶训练班中，是乐队配合马匹的脚步，而不是相反，就像吉卜赛女郎根据熊跳舞时爪子的动作敲击她们的小鼓。眼镜王蛇随僧侣的笛声跳起“肚皮舞”完全就是个骗术，因为蛇听力极差。

这还尖锐地反驳了音乐心理学家几年前提出的观点：节奏感是上帝赐予人类特殊的礼物，动物完全不具备这种能力。这真是大错特错！

例如，一只在森林中跳来跳去的松鼠每分钟一般可以完成 120 次每次长三四十厘米的跳跃。塞维森的马克斯·普朗克行为生理学研究所位于慕尼黑附近。就职于此的约翰内斯·克诺特根（Johannes Kneutgen）博士像钢琴学习者使用节拍器那样将一个节拍器调整到这一节奏，才过了一小会儿，松鼠在跳跃时就总能精准地踩着节拍了。

如果研究者加快或调慢“闹钟”的嘀嗒声，松鼠也会相应地加快或减慢跳跃速度——完全与所提供的节拍一致。每当出现由于地面不平而漏拍的情况，它还是会注意听着节拍并继续保持正确的节奏，哪怕每分钟的跳跃频率不再是它所习惯的 120 次，而是 144 次甚至只有 92 次。

确实有动物能极好地保持一致的步调，拥有完美的节奏感。

生活在东南亚的白腰鹊鸲是鸟类中的最佳唱将之一。仿佛一位歌剧演员注视着指挥家，它的歌唱节奏完全以附近一个节拍器的“嘀嗒声”为准。在这种鸟的歌单上有许多必须按固有节奏演唱的曲调。如果有人拿着节拍器强迫它更换节奏，那它会有何反应呢？

每当节拍器的速度缓慢却持续增快时，白腰鹊鸲会在某一个节点“明白”，它们刚才演唱的曲子实在无法继续加快，接着，它们换成了另一个与它们自然的节奏速度一致的曲调。

因此一切听起来都相当和谐。更为惊人的发现是，无论我们是否愿意，身体内部的节拍感官都会与外在的节奏声相适应。

一个人的心跳频率一般为 70 次 / 分，如果在他床边放置一个每分钟发出 100 次嘀嗒声的闹钟，那么，在半小时后，这个人的心率也会上升为 100 次 / 分。但他自己通常不会察觉到这种改变，只会因失眠而感到奇怪与懊恼。同理，一个走速缓慢的闹钟会让人心跳的节奏降低到每分钟 55 次：这就像是一种特殊的安眠药。打扰我们的或许并不是闹钟发出的响声，而是它的节奏。

犬类心脏的反应还要剧烈得多。它们的心率一般在 100~120 次 / 分之间，却会因为嘀嗒声上升到 300 次 / 分。这么快的心率会危及人的生命。如果闹钟走得再快些，那么，犬类的心脏就会摆脱闹钟的节奏，转而去适应其他节奏。它们的心脏可调整为闹钟嘀嗒两次跳动一次，或是将心跳和闹钟嘀嗒频率的比例调整为 2 ：3。

这种外在节拍器对体内器官的磁铁吸力般的效应对鱼类而言甚至有致命的效果，因为有规律的节拍声还影响着它们的呼吸活动。通过鱼鳃的开闭，我们就能清楚地观察到这一点。慈鲷每分钟最少呼吸 43 次以维持其生命。若将“闹钟”放在水族箱里，且让它每分钟只走 40 下，那么，一分钟过后，慈鲷就会将自己的基本生命活动调整到最低阈值。它拼命让自己更快地呼吸，却只是徒劳。它感到异常恐惧，想要逃离令它备感恐惧的声源。它疯狂地在水槽里乱窜，试图找到任何一个能阻挡住嘀嗒声的角落。如果它无法躲避或逃离，那么，它就会失去生命。

慈鲷的上述行为可给我们以启发，从而萌生出以下的猜测：工厂里的工人的一些疾病是否有可能源自他们所操作的机器？或许这些机器的工作节奏使人体内部的器官节奏紊乱并损害了人体健康？相关的调查研究正在进行中。

这些影响给工人造成不适，我们必须为此感到担忧。英国生物学家 D. 班布里奇（D. Bainbridge）博士是最早意识到这一问题的人。在显微镜载玻片上数“黑点”是他的工作任务之一，日工作量多达上千个，而一个节拍器让他的工作效率得到了很大的提升。

此外，这种方法还能提高那些节奏单调或由下意识推动的行动（如编织）的效率。相比音乐带来的影响，班布里奇博士更喜欢“嘀嗒声”，因为舒缓的曲调容易转移听者的工作注意力。

不过，在此期间，研究者已经告别了简单的闹钟嘀嗒声，转而使用华尔兹的节拍。

于尔根·赖纳特（Jürgen Reinert）博士在明斯特大学用更复杂的（人为设置的）奖赏与节拍关系训练了几只寒鸦。“强–弱–强–弱”的信号对应了四二拍，意为：“食物在木槽里！”代表“没有食物！”的反义信号则会用四三拍的节奏来敲击：“强–弱–弱”。鸟儿能辨别并区分出这两种节拍，这已经能算作音乐心理学上的头号新闻了。

但事情还远不止于这些。就算节拍在格式上做了微调，寒鸦也能分辨出这些节拍类型：一、节奏变慢或加快；二、不用嘀嗒声打节拍，而是直接用琴键敲击，或用圆号吹奏，抑或用大提琴演奏；三、不再使用单纯的节奏，而是作为曲调，用不同的音调演奏而成；四、将一段完整的节拍用高八度或低八度演奏出来。

根据实验结果，赖纳特博士推测："整体掌握节拍、节奏的能力并不是人类所特有的。"

掌握节奏的能力为何闯入了人类的领地，踏入了艺术的前厅？动物们又为何需要有节奏感？

候鸟毫无"节奏"地拍动着翅膀，排成楔形飞翔。而对一名万米赛跑运动员来说，若有一位对手因腿短以与他不同的节奏跑在他前面，那么，这将对他造成严重的干扰。

云雀一边鸣啭，一边飞上天空，其翅膀的拍动频率与鸣叫的节奏间毫无关联，而人类不可能在散步时吹出一首与脚步频率不协调的曲子来。塍鹬则和人类一样，在求偶飞行时只会跟着振翅的频率鸣唱曲调。

善于观察的人会发现，在动物迸发出爱情的时候总有节奏感的参与。让我们来看看湖上一对绿头鸭的交配前戏。当雄鸭想要交配时，它就会游到它"妻子"面前，并开始有节奏地点起头来。它要通过这种舞蹈动作慢慢地创造出气氛。

此处已经关乎情绪感染，却不是像鸟儿吟唱那样利用音乐，而是单纯通过节奏。只有当两性的感觉协调一致时，只有当雌鸭与雄鸭同步点头时，双方才算真正达到一致，才能成功地和谐交配。

如果没有节奏感，这种动物就会失去相爱的能力。

血液中流淌着音乐细胞的动物

金仓鼠经过训练能操作收音机上最重要的按钮即开关——只要不喜欢当前的节目它们就可以关掉它。这样，美国得克萨斯大学的心理学教授哈罗德·克罗斯（Harold Cross）就能了解动物的音乐偏好了。

滑稽的金仓鼠仅在 4 秒后就关掉了爵士乐和一段电话铃声。它们对进行曲的容忍度要强些，听了 14 秒。当它们在滚轮上快步走时，9% 的金仓鼠喜欢军乐声。42% 的金仓鼠喜欢浪漫而情感充沛的法国小调以及交响音乐会。

在这项仓鼠意见调查中，莫扎特的作品和阿诺尔德·勋伯格（Arnold Schönberg）的无调性曲子会取得怎样的结果呢？投票结果清楚地表明：古典音乐获胜！

利用类似的尝试，其他研究者希望在圈养的奶牛和猪身上看到一些有益的成效。经证明，一些特定的音乐可感染消费者的情绪，提高消费额。类似地，人们也希望莫扎特和贝多芬的音乐能增加奶牛的产奶量并促使它们存储重要的脂肪。

可是，在很多地方，牛圈里的交响乐声已在逐渐淡去，其原因是工人们要被逼得半疯了。他们想听爵士乐，而爵士乐却会对牲畜造成损害。

这是否意味着动物也和人类一样在血液中流淌着音乐细胞？它们是否有着一种“怀旧、保守的品味”？

绝不是！一些科学家发现，许多哺乳动物并不关心曲调声。正如上一节所描述的，节奏构成了它们的乐曲。金仓鼠、牛和猪亦是如此，有些节奏让它们感到不适，有的则会令其舒适地入睡。

不过，犬类对曲调可能还有一些特殊偏好。长时间的警铃声会令它们狂吠，如同一群狼听到汽笛声时的反应。

美国的狼研究者洛伊丝·克赖斯勒（Lois Crisler）将她最爱的狼吼声描述为极具音乐性却令人毛骨悚然的一种享受："在加拿大的极夜里，我们在午夜时分被狼群的吼叫声吵醒。它们的歌唱声或许是动物世界中最美妙的交响乐之一。两种声音不停变换。它们的声音时高时低，却总是协调一致，又从不会完全相同，听起来也不会不和谐。它们用三度音或五度音更换着音程。有时，其中的一匹狼发出一个长长的音，其他陪同的狼也发出吼叫声。这声音让人想起了猎人的号角，相当醇厚。这些狼常常突然中断吼叫，一瞬间使天地都陷入一片沉寂，似乎此时它们在聆听些什么。面对这种神秘又充满野性的二重唱，一种令人窒息的恐惧感向我们袭来。"

与狼迥然不同的是那些将音乐作为一种最原始的表达元素的动物，如鸟类。

音乐研究者已借助声谱仪证明了乌鸫所唱曲目的旋律性要远比一些人唱的强得多。

鸟类究竟为何演唱？夜莺的歌声为何尤为动听？路德维希·凡·贝多芬在其F大调交响曲《田园》中就以夜莺鸣唱为主题，奥托里诺·雷斯庇基在创作交响诗《罗马的松树》时也受到了夜莺曲调的启发。

当众鸟沉寂，只听一只仅重28克的小鸟用它那令人难以置信的嗓音在星光闪烁的夜里鸣唱着咏叹调，这歌声对每个人来说都着实是一种美的享受。

夜莺所作之曲显得才华横溢，演唱时嗓音柔美，时而忧郁，时而清凉，啜泣声伴随着急促的乐句和渐强的颤音。就连最缺乏音乐细胞的人也会被其戏剧性的对比打动。

这是自然的奢侈品吗？是叔本华所讽刺的“艺术才能在一无所知的动物身上不可理喻地挥霍”吗？

截至目前，生物学家对鸟类鸣唱的作用有着另一种解释。这些歌曲应该是用来吓退劲敌以及使对方远离其妻、其领地的：一场歌者间的战争不用蛮力而靠音乐手段来决出胜负。胜者总会是技艺精湛的抒情歌者。

在一些鸟类身上可能确实如此。但是，阿尔弗雷德·格吕尔（Alfred Grüll）在诺伊齐德勒湖畔生物研究站内所完成的实验却显示，我们几乎不能将这一鸣唱模式普遍化并套用到夜莺身上。因为发生了下面这件事：

4月中旬，第一批雄夜莺从地处热带的非洲飞抵这里，并马上开始寻找理想的生活场所，那就是布满了茂密灌木丛的河畔森林，这里风景如画，它们能够在此筑巢、藏身。另外，它们还需要一块用去年的落叶制成的“地毯”，以便捉捕蠕虫、昆虫和蜘蛛。

首批回来的队伍是鸟群中最年长、经验最为丰富的那些。它们不会拿回去年的领地，而会为自己寻得一片约1万平方米的广阔领土，这片区域要比去年的更好。寻找历时数日，其间，它们几乎缄默不唱。可在它们顺利找到新领地后，森林里立即就会响起夜莺动人的歌声。

在此阶段中，若有一只新来的雄夜莺飞入了已占的领地，当地的“居民”就会马上停止演唱，并飞向入侵者，对它进行威胁。外来者不做任何反抗，立即离开，在相邻的区域内安顿下来。绝不会发生歌者间的战争！

刚刚抵达的鸟儿们不仅不会受到歌曲声的惊吓，反而被深深地吸引："在有歌声的地方安家吧。在那儿可以找到适合夜莺生活的地方。"

鸟儿在午夜歌唱的现象终于有了一个解释：它们只在夜间行进，但每晚可以飞行500千米。若在目的地附近听到了其他夜莺在地面上发出的歌声，它们便知道自己可以落脚在此，并准备着陆。

夜莺的歌声创造出了双重的奇观：它们的音乐造诣也为那些迷失在黑夜中的寻找新家的同类提供着服务。

精确的实验研究还指出，云雀的歌声完全就是音乐珍品，但人耳迄今都将这种声音当成一种"生锈的车轮发出的刺耳的声音"。

请您想象一下，您得通过螺旋式楼梯从1层快速跑到第17层，其间还必须一刻不停地唱歌，而且，声音还得大到足以恐吓150米外的对手——这样您就对云雀的能力有了大概的了解。

云雀这种小鸟是第一批报春者之一，它们在3月初和煦的日子里就会开始放飞歌声，它们也是少有的能在飞行过程中及在空中颠簸时继续歌唱的鸟类之一。云雀们的这项绝活得益于一种特别精妙的呼吸方法。歌剧演唱者要是知道了这项技巧都会嫉妒得要命。

就连一支迈着整齐的步伐向前行进的联邦国防军队伍也绝不可能整齐地唱出与脚步节奏不符的曲子。所以鸟类研究者早前猜测，云雀的鸣啭声与它们拍动翅膀的节奏一致。

事实上，德国吉森大学的米夏埃尔·可希克萨奇（Michael Csicsáky）博士的研究证实：这种小鸟确实没那么简单。而且，云雀的歌声并不像许多人认为的那样是杂乱细碎的咕哝声，只不过人耳难以“理解”它罢了。当研究者将云雀的歌声录音并慢速重放时，旋律就出现了。这旋律丝毫不逊色于夜莺歌声中的旋律。

在云雀的歌单中有不少于16种音乐曲式。我们人类无法很好地欣赏它们，这是因为云雀会将其中最多19种曲式糅进几秒钟内，并一口气唱上几分钟。

云雀们十分热衷于这种高水平的音乐游戏。如果我们用一个字母来标注一种曲式，那么，它们所唱出的曲子大致是这样的：aabbcccdefgh或abcdefffgggggh或abbcccccccde或abcdecdecdefghfgh。但这还只是上千种可能性中的一些。云雀可任意重复这些曲式，却完全遵守这些字母的顺序。

大自然真的比人类所能理解的要伟大得多！

与此同时，另一件事情的原因也跟着清晰起来，那就是云雀翅膀振动的节奏为何与其曲调的节奏不一致。云雀演唱的音乐艺术要求要高于行军歌曲的要求。

另外，作为春天的使者的云雀们可能只在呼气时发音。这就导致了它们需要演化出一种极为困难的呼吸方法，以适应震音结构，同时考虑到有些曲子它们会一直从起飞唱到俯冲着陆，而鸟类在飞行中的呼吸频率一般为每秒6次。

问题的解决办法在于小口呼吸。鸟类学家对此是这样理解的：即使一只云雀在一秒钟内可编排多达19种的曲式，但在每个曲式之间依旧存在着一个短暂的间隙。这个停顿可能只有百分之一秒，但云雀却可以利用它来喘口气。假设它在停顿时吸入了3毫升空气，然后在接下来的曲式演唱过程中用去了2毫升。在下一次间隙时它又能吸入 3 毫升，随后并再度消耗 2 毫升。这样，云雀就可以一直等到它的肺部装满了空气。

正是这种人类难以想象的呼吸方法在为云雀超高的唱歌技艺服务！具体细节因埃朗根城门前的凤头百灵而得以意外发现。

一个牧羊人有两只小猎犬，它们精力充沛，听命于牧羊人的每一次哨声，并会立即执行他的所有命令。多亏了它们的帮助，牧羊人把他的羊群看管得好好的。直到有一天，他的两条猎犬突然发疯似的玩了起来。事情发生在反刍休息时。当时牧羊人正打着瞌睡，两条猎犬在一旁跑来跑去，冲进了羊群，并开始追赶被吓坏了的羊。牧羊人立即吹响口哨召唤这两条猎犬。它们原地掉头，冲向了主人。可就在离牧羊人只有几米远时，它们再度折返，重新奔向羊群。

那时，好像有谁在另一头吹了口哨。肯定是几个淘气包想要捉弄牧羊人，并模仿他冲猎犬吹口哨下命令。牧羊人拿起一根棍子朝着发出声音的方向走去，然后发现……那是两只凤头百灵在欢乐地吹着口哨。

起初，人们深感震惊：凤头百灵竟然与鹦鹉、乌鸦和南鹩哥一样具备模仿其他动物声音的能力。目前，动物学家已知凤头百灵可以唱出包括《小汉斯》《哦，圣诞树》在内的 7 首曲子，还能说出如“小鸟”“小鸟唱什么”和“1，2，3”这样的一些词语。它们的声音较细，但很容易理解。

由于缺少与人类近距离的接触，这两只野生的凤头百灵饶有兴致地用哨声开起了玩笑，并模拟牧羊人的哨声控制了他的猎犬。一段由 5 次升调声组成的口哨声代表了：“快向羊群跑去！”一次、两次或多次短促的哨声则表示了不同程度的“快点！快点！”。如果一个拉长的哨音震动着改变了音调，猎犬就会停止行动。倘若这一信号重复三遍，那它的意思就是：“到这儿来！”

凤头百灵掌握了所有这些信号，猎犬很快也意识到了这一点。猎犬自然感到不悦，因为它们不断地听到牧羊人和凤头百灵的哨声，不停地跑来跑去，到头来还得挨骂。可当它们的主人不知所措地站在乡间时，猎犬们就已经知道该如何弥补自己的过错了：每听到一声哨响，它们先看一眼它们的主人，只有当他用手势或头部动作确认后，猎犬们才会执行命令。这样一来，牧羊人的世界再次恢复了正常。

可对鸟鸣研究者埃尔温·特雷策尔（Erwin Tretzel）教授来说事情并非如此。当他听说这件事时，对猎犬得先看向牧羊人才能分辨哨声来源的情况感到惊奇。照理说狗可分辨每个人的声音，但此时它们为何分不清人声和鸟声的区别呢?

为此，教授在牧场里做了一个牧羊人与凤头百灵哨声的声谱仪精确实验。第一次的结果是：凤头百灵十分精确地模仿了人类的信号，以至于他在详细分析时都无法将二者分辨开来。

另外教授还发现了一件事，这件事或许连猎犬都不曾察觉：牧羊人相当没有音乐天赋。他的哨声几乎从来都不在同一个调上，就连同一个信号每次的发音都有些出入；而且，他也没有准确的音准、节奏的概念。可这些音乐和节奏的难点丝毫难不倒那两只小鸟。它们总是将学来的东西原模原样地用 C 大调全音程表现出来。

这一结果又引发了另一个问题：如果凤头百灵从它们的模仿对象那里听到了如此不同的旋律和节奏，那么，它们是以什么为标准模仿哨声的呢?

尽管听起来很可笑，但凤头百灵确实表现得相当独断。它们将听到的人类的哨音转变成了最好听的调子。对此，特雷策尔教授挑衅性地做出了以下评价："凤头百灵拥有关于哨声的理想模式的'观念'，它找出并吹出了哨声最完美的调式。这个调子可能正合牧羊人的心意，但他却鲜少能吹如所想……"

"凤头百灵所呈现的牧羊人的每个哨声都更完美也更具音乐性，音色清脆，曲调优雅。它将哨声改得就像音乐。一直以来，从未有人认为这种鸟是一个好的唱将，但此时它却表现出了对曲式、节奏惊人的乐感。而这晦涩难懂的音乐集锦背后可能存在的规律却无人能探。"

虽然这击中了人类固有的感知能力上的弱点并令人痛苦，但我们必须承认：有些鸟在音乐方面的才能尽管比不上卡拉扬，却远超过许多人。对我们而言，歌曲与音乐终究"只是"一份文化珍宝，而节奏感和对曲调精准的把握于鸟类则是生活必需品。只有鸟群中最具音乐细胞的鸟儿，才能在相亲、抗敌及占据领土时得到获胜的机会。

鲸的求爱赞美诗

当太阳如炽热的火球沉入大海时，凯蒂·佩恩（Katy Payne）博士开始了她最后一次的下潜冒险。可还没等她离开在夏威夷毛伊岛岸边摇晃着的游艇，海浪就开始呼啸起来。

一个低沉、旋律特别的响声让大洋为之震颤。开始时，它的音极低，后来逐渐升高。有几秒钟听起来就像双簧管和声音低柔的小号间的二重奏。伴随着犹如忧伤的风笛曲般渐强又渐弱的悲叹之声，它又慢慢归于平静。

佩恩博士的身体跟着颤抖，她也陷入了极度的恐惧之中。但这种恐惧感却被水里强大的求爱声盖过了。巨大的响声经海面反射就好似触碰到了大教堂内部的墙壁，产生了多重回声。

凯蒂·佩恩拿着水底探照灯慢慢地游向声源地。她看到了一头座头鲸，"就像一只蚂蚁看到了大象"。座头鲸长15米，肌肉量相当于200个人的肌肉量总和。它失重般地漂浮在水中，身体两侧的稳定鳍分别长达4.5米，头部向下倾斜45度。那时，第二段危险的歌声响起了。它还是那样紧闭嘴巴，但发出的声音却在太平洋中穿越了20千米。

动物学家佩恩博士和她的丈夫即著名的狼群研究者罗杰·佩恩（Roger Payne）教授都坚信，这种座头鲸的歌声（这是唯一一种会唱歌的鲸）正是一个古老传说的真正秘密所在，那个传说说：在地中海的一座神话之岛上，海妖塞壬用歌声诱惑路过的船只，将船员残忍杀害，当成她的腹中餐。

早先，座头鲸也生活在地中海里。它们的求爱歌曲让船身摇晃，并让船上的海员在奇特的求爱声中陷入对专杀男性的神秘的塞壬和自然之力的恐惧之中。这其实是雄座头鲸为了在广阔的海域中吸引雌鲸而发出的声音。

这头庞然大物几乎一刻不停地唱了四天四夜。一头体形稍大于它的雌鲸出现了，与雌鲸一起出现的还有它一岁大的孩子。雄鲸马上意识到雌性还没有完全恢复受孕的能力，可它仍然决定现在要"保护"那头雌鲸不受其他雄鲸的骚扰。

其他雄鲸也没有等待多久，大家就点燃了一场歌者间的战争。所有竞赛者都唱着同一首歌，但都各自为营，却因为旋律依次出现而有了卡农曲的效果。

两位研究者都备感惊讶，因为一年前它们唱的完全是另一些曲调。在经过了几年观察后他们终于知道座头鲸唱了些什么。在音乐方面，鲸表现得就像青少年对流行歌曲的态度。在一个季节中会有一首红遍各群的热曲。

此后，当它们在北极海域旅行时，会沉默大约 9 个月的时间。次年，当它们再度在夏威夷幽会时，它们先会唱起旧日的曲子。鲸对旋律有着极强的记忆能力，可它们很快就会觉得这首曲子过时了。

作为动物世界中真正的作曲家，座头鲸会先改变一些片段。当其他鲸接受了它们的改编，曲子的变化就会越来越多。正如佩恩夫妇所说，5 年后它们所创作的曲子与原曲之间的区别就类似于“贝多芬与披头士”的区别。鲸真是创造潮流并紧跟潮流的动物啊！

越来越多的雄鲸、雌鲸及其孩子渐渐地聚集到毛伊岛的海岸边。歌唱比赛还没有分出结果。恐吓的声音也越来越响。突然，有一头雄鲸将它的身体以几乎呈直角的方式向后伸出水中，用 15 平方米大的巨型尾鳍击打水面。

这是雄鲸开始舞蹈表演的信号，它们的舞蹈会令人惊叹不已。它们的身体以每小时 27.6 千米的最快速度在水中穿梭，并从水中一跃而起，一个接一个地连续跳跃 40 下。它们虽重达 40 吨，但做起动作来却好似一群小海豚。

雌鲸立即将它们的孩子包围起来，并用呼出来的空气在其周围挂上了一层水泡围帘。那些狂暴的“巨人”会尊重雌鲸们的意愿，不逾越这层帘子，从而使在摇滚音乐节现场的孩子们免受狂暴的舞蹈所可能带来的伤害。

在最强壮的雄鲸之间会爆发一场真正的“巨人”决斗，它们会进行类似于公羊互撞的比赛。小船在受到如此大力撞击后会快速下沉，鲸则只会因此在皮肤上留下一些划痕。那些海中“巨人”将得到鲸“女士们”的厚爱，它们不仅是歌唱艺术家，还是顽强抗争的“海中英雄”，就像从前乘坐大型战船的古罗马人。

但不同于古罗马士兵的是，这些雄鲸不仅对艺术知之甚多，甚至，还会创作音乐作品！

第三章

为与自然和谐相处而战

春困的魔力

猎人安德烈亚斯·乌辛格（Andreas Usinger）简直不能相信自己的眼睛。那是一个 3 月底温暖的春日，他备感疲惫，就在林间的一块青苔上稍稍地打了个盹。等他醒来时，面前不到 15 米处的一座“土丘”又变得有了些生气：一只兔子探出了脑袋！兔子兰姆*先生仰天平躺，伸展身体，身体看起来几乎有原先的两倍长。它还高高地弓起了背，张大嘴巴打着哈欠。安德烈亚斯·乌辛格在它张嘴时都能清楚地看见它的牙齿和伸长的舌头。兔子发现猎人时，吓得张着嘴愣了几秒钟，然后如火箭般地逃跑了。

春困这种极为奇怪的现象不仅会发生在人类身上，也会以同样的方式让动物们进入梦乡，有时甚至是在极为荒诞的情况下。

獾总是在白日里躲在窝里睡大觉，因为它只在夜间觅食。可是，在 4 月初的一个晴天里，猎人保罗·尼采（Paul Nitze）却在松树丛的边上意外地发现了一“捆”蜷缩在一起的獾。一只獾正在他面前

---

* 兰姆，“Lampe”是“Lamprecht”的缩写，在古德语与童话故事中作为兔子的代名词使用。在欧洲叙事诗《列那狐的故事》中，兰姆是其中一只兔子的名字。——译者注

3 米处睡觉。猎人吹了一下哨子，但侦探格兰贝尔*大师对此却毫无反应。当猎人用士官的声音喊出了“起床！”二字时，这只獾才从睡梦中微微睁眼，闷闷不乐地慢慢离开了那里。

伯恩哈德·格日梅克（Bernhard Grzimek）教授的一位朋友曾告诉了他一个狩猎见闻。这个故事听起来相当不可思议，但经验证，确有其事。有一次，这位朋友在温暖的春日伏击猎物时发现了一头野猪的尸体。最初他试着将这头死去的猎物拖到千米外的汽车上，但因为野猪太沉，他没走几步就放弃了。

然后他掏出了一把刀，打算割下野猪皮。可是第一刀刚下去，这头“死”猪却尖叫着高高跳起，逃跑了。原来，这只春困的动物只不过是睡得太熟了。

一般来说，动物的睡眠都特别浅，所以，这个故事着实令人惊讶。因为害怕受到天敌的惊吓或捕食，像狍子、鹿、野兔、家兔和各种鸟这些容易受到攻击的动物都十分警惕。如果在夜间听见一丁点可疑的窸窣声或是闻到了陌生的气味，它们都会马上激动地站起来，准备逃跑。生活在动物园里的动物尽管已多年未曾遇到可怕的经历，但极度的不安全感仍会影响它们的睡眠，使其无法安心地通过深度睡眠进行休息。就连与它们交往甚密的看护员在夜间溜进笼子时，在他开门前，所有动物都已经清醒并站了起来。只有在美好的春日里它们才会沉沉地打盹，就连末日审判的号角也无法将其唤醒。

每个经验丰富的猎人都知道，在夏天、秋天和冬天时，他们最

---

* “格兰贝尔”出自欧洲叙事诗《列那狐的故事》，是其中一只獾的名字。——译者注

好选择一只正在进食的狍子下手，而不要靠近一只正在酣睡的狍子。生活在汉堡的猎人曾举办了一次活动，悬赏那些能在野外拍到睡梦中的动物的摄影师。他们确实收到了一些投稿作品，但这些照片无一例外拍的都是春困时的动物。顺便说一下，鹿和野猪打起鼾来连大地都会为之颤动！

嗜睡的状态常常要让许多动物付出生命的代价，这样的代价对这些自然界的生灵而言是否会过于沉痛呢？显然，答案是否定的。因为猎食者和其猎物一样也会在温暖的春日打瞌睡。好在此时犯困的并不是只有猎人，在此期间，政府也针对大多数动物安排了禁猎期。

神奇的是，这一现象并不是陆生动物所特有的。鲸也会在美好的春日里选择一片宁静的海域美美地睡上一大觉。抹香鲸、海豚和白鲸就像一片竹排漂浮在水面上，完全不去考虑要躲避海上隆隆的捕鱼船只。

如果听到"嘣"的一声，那么，船的情况可能就不妙了。一头身长 20 米的雄抹香鲸与一艘相比而言小小的游艇相遇，那结果就可想而知了。雄鲸忽然间从睡梦中惊醒，自然会十分生气，它会变得就像小说《白鲸》中的莫比·迪克*那样，一直撞击船体，直到船开裂，而后沉没。

北冰洋的波峰即使是在晴朗的春天仍有房子那么高。为了一边游泳一边睡觉又避免不断有海水灌进鼻子，海象有一种特别的"发明"。在海象颈部喉咙下方其实有两个气囊，可以像救生圈那样吹

---

* 莫比·迪克，19 世纪美国小说家赫尔曼·麦尔维尔的作品《白鲸》中一头白色抹香鲸的名字。——译者注

满气。气囊像浮标那样立在水里，使海象能够保持头部高于水面的状态，还能平静地熟睡，发出接连不断的鼾声。

春困是人类和动物所共有的一种现象，但这一自然现象的更深层的含义仍是未知的。

在字典中，人类将春困解释为："一种降低工作效率的现象，为期 3~4 周，在气温刚刚升高、气压和湿度波动的时节尤为常见。导致该现象的原因尚不清楚。涉及的因素包括冬天缺少紫外线照射而导致维生素 C 不足，以及内分泌系统影响激素的分泌量。"由于这期间身体对传染性疾病的免疫力下降，所以相关人士提出了以下建议：在户外运动后保证充足的睡眠，服用维生素 C 并多吃水果和沙拉。

但是，对动物世界的观察为我们提供了额外的极具启发的视角。

有些动物的春困现象极为严重，比如青蛙和蟾蜍。它们冬眠的洞穴位于地下不冻层。冬天过去后，为了与同伴一起夜间在池塘里放声高歌，它们从洞穴爬出，来到地表。初夏时，气温异变，它们没有引吭高歌，而是又快速钻进洞穴里继续睡觉去了。

最多过了两三天，我们就会发现它们的选择有多么正确。因为，伴随着突如其来的降温，冬天又回来了。不同于我们人类，青蛙和蟾蜍并不是恒温动物，它们的体温会随着周围空气的冷暖而变化。如果它们在降温前没有趁自己还能在舒适的温度环境下活动而及时在地下不冻层里挖洞，那么，之后它们将会冻僵、丧失活动能力，然后被冻死。

为了生存，它们必须有一个"内置气象站"来预报未来的降温。这个低温警报在青蛙和蟾蜍这里表现为春困，促使它们返回地下，开始新一轮睡眠。

在天气晴好、温暖的春日，疲软无力的感觉总是令人费解地向我们袭来。但这种感觉其实是我们的“内置气象站”。在预报未来两三天的倒春寒时，它的准确率远比《每日新闻》之后的《气象预报》的准确率高得多。

突然中断日常活动的现象看起来十分奇怪，但我们同样也能在哺乳动物身上观察到这种现象的意义。在其他季节里，好天气总是会使动物们充满活力，达到最好的生理状态：无论是熊还是狼或鹿，野猪或兔子，当它们在温暖的春季发现气温即将骤降时，大家都不会单纯为了生活的乐趣而踏上远行的旅程。

所以，困意让动物们都待在自己“温暖的床铺”及洞穴周围，或是躲在杉树丛中防风雨的庇护所里，而不必受到冰雪之苦。

不久之后，当春日的困意散去，爱情的风暴便开始席卷自然界。动物们对好天气的反应完全不同于之前，变得十分活跃，许多动物都在相亲、求偶时展现出最佳的生理状态。

坏天气意味着死亡

雨已经淅淅沥沥地连续下了三天三夜。在第三天晚上，巢中的三只秃鹰幼鸟全都死了——全身湿透、体温过低、病入膏肓。每年春天，如果幼鸟在脆弱的成长期遇到了降水期，而它们又已经长大到父母不会再用翅膀为它们遮风挡雨、提供庇护的程度，或它们的能力还不足以飞离巢穴去别处寻找躲避风雨之地，那么，它们大都会遭受这样的厄运。

“乌鸦父母”将孩子毫无防护地丢在雨里，而不让孩子们在自己的翅膀“屋檐”下避雨，难道“乌鸦父母”不会与自然和谐共处吗？可惜理智、认知和同情在此时都不起作用。鸟类的本性驱使它们只会在孩子出生的头几天里用身体为其提供保护，之后则不再提供帮助，即使下着瓢泼大雨。

不过，即便父母有理智，愿意为孩子们提供帮助，这也无法改变幼鸟夭折的命运。因为当孩子们几天大的时候，它们的饭量大大增加，父母得不停地给它们喂食。如果鸟爸鸟妈待在巢中给孩子们挡雨，那么，幼鸟尽管不会因淋湿和冻僵而死，却会死于饥饿。所以，在漫长的雨天，鸟父母如身处困境，别无选择。它们无论如何都将失去自己的孩子。因此，这也就是大自然没有让它们演化出在雨天保护幼鸟的本能的原因。

这是一个令人震惊的消息：多雨的春天对千百万只幼鸟来说意味着死亡。对巢穴没有天花板的鸟儿来说尤为如此，比如鸫、苇莺、鹳、鹭和鹰，还有鹧鸪、雉鸡、鹌鹑，对野兔、狍子和松鼠等哺乳动物来说也是如此。

对人类而言，下雨天不过就是要撑雨伞、穿雨衣，感觉不适，得找个地方躲雨。可许多动物在雨中却逃不过死亡的厄运。

面对这一现实，却只有极少数动物会积极防雨，这着实令人不解。这么多鸟在建造它们那极具艺术性的巢穴时为什么会“忘”了多造一个屋顶呢？只有成年夜莺会将自己当成一种“屋顶”，会用它伸展开来的翅膀保护正在孵蛋的妻子，以弥补建筑时的疏忽。可一旦它们的孩子胃口大增，那么，这项“发明”也就不管用了。

就连据说十分聪明的青潘猿也只能束手无策地忍受非洲雨季时的坏天气。在倾盆大雨中，它们蹲在原始森林中的土地上，深深地向前屈着身。青潘猿们对自然之力的怨气在不断滋长，直到忍无可忍。突然，它们跳了起来，在闪电的亮光中快速地乱蹦乱跳。著名的青潘猿研究者珍·古道尔博士将其称为“雨舞”。在前面的“节庆的艺术”一节中，我们已做了介绍。

只有在几内亚才意外地出现了雨篷这个“发明”。野生青潘猿每晚都会在树冠中做窝就寝。它们将四周的枝丫都向下弯曲，并将树枝互相缠绕。一天，一个4岁大的雌性青潘猿直接把窝做在了它妈妈的窝的上方，而此时突然下起了一场阵雨。小青潘猿马上向下跳了一层，躲进了母亲的“房间”，并发现它们俩在这儿都不会被淋湿。自那时起，该区域中的所有青潘猿每到雨天都会在“屋”顶上方做一个雨篷。

在挖坑筑窝时，在沙丘上筑巢的银鸥会将一丛固沙草当作它们的防风伞。在动物界，“建筑”技术最好的还属居住在封闭式巢穴中的动物：啄木鸟、普通䴓和山雀住在树洞或一个巢箱里，红尾鸲、原鸽、黄嘴山鸦、猎鹰和秃鹰会在山的峭壁上拥有一个石洞，而野兔、刺猬、獾、田鼠和家鼠则会在地下做窝。

英国人说：“没有糟糕的天气，只有穿错衣服的人。”可是这句话并不适用于灰雁、绿头鸭和其他水禽，因为它们的“着装”总是很符合雨天的需求。对此，诺贝尔奖获得者康拉德·洛伦茨教授有过惨痛的经历。

在奥地利的阿尔姆塔尔观察灰雁家族时，因天气湿冷，洛伦茨教授患上了严重的风湿病，而鸟类的羽毛上都完美地覆盖着一层尾脂腺的分泌物，这让它们即便遇上倾盆大雨也能像在晴日里那样健康快活地滑行。对所有水禽而言，根本不存在什么坏天气。只有在极端的天气里灰雁才有可能遭遇不测。

1978 年，一支由 60 只灰雁组成的飞行小分队在英格兰受到了龙卷风的突袭。龙卷风将这些灰雁吹到上百米的高度，折断其翅膀，令其跌落致死。

1956 年 1 月，大约 500 只白鹳在南非的德兰士瓦遭遇了阵雹天气，网球般大小的“冰炸弹”从天而落，整个队伍全都因颅骨骨折而死亡。

高山上的鸟类会在恶劣天气降临前飞到山谷中的村落里，而海鸟们则会前往海港。因为这种规律，生活在山谷和海边的居民知道将突然发生的鸟类“入侵”看作恶劣天气来临前可靠的征兆。

在加勒比海上和北美洲大西洋沿岸，一群鸟在飓风到来前逃到了船只的甲板上。上千只鸟儿在此避难。在船长眼中，这就是一个信号，他们必须马上加固船上所有的可移动物品。

若在秋日南迁飞越阿尔卑斯山时将遇暴风雨，从北方飞来的上百万只鸣禽和燕子就会在第一座山前聚拢，在那里等待风雨的来临。几天过后，随着越来越多新成员的加入，它们的队伍越发壮大。我们称这一现象为“迁徙堵车”。

可惜动物遭遇雷击的事也经常发生。高山牧场的奶牛到树下躲雨时常常会成为受害者。不过马对高压电则有一种敏锐的观察力。在逗留地发生雷击前几秒钟，马匹就会快速离开危险地带，以一种奇妙的方式完成自救。

除了马具有逃避雷击的能力之外，动物们面对暴风雨时没有任何自我保护的意识与能力。闪电来得如此之快，以至于各种动物无法在其发生前做些什么，以确保自身的安全。这也就是为什么当人用闪光灯近距离拍摄动物时，许多动物只会立刻露出吃惊的样子，而丝毫没有要逃跑的意思。

奶农有时会说，在暴风雨天里牛奶在挤出来之前就变酸了。但这并不是真的。其实，动物在恶劣天气中的出奶量会大大降低——这也表明，动物在低压环境中也会感到十分不适。

另外，暴晒、高温和干燥对动物而言可能也像潮湿和寒冷一样极具杀伤力。候鸟在穿越撒哈拉沙漠时会在两三千米的高空飞行，以躲避高温。这个高度的气温明显低于它们平时在300~700米飞行高度的温度。然而要是碰上沙暴，那它们将必死无疑。

几年前，汉堡的几个公墓管理处都在谴责“无耻的闹事行为”。每天清晨，墓地里到处都散落着鲜花。据说，这些花都是些闹事的年轻人从墓前的花瓶中拿出的。后来，真正的作案者“被抓住”了：原来是捣乱的乌鸫。在盛夏的干燥期，每天清晨，乌鸫们都会在管理员和访客到来前将花瓶一扫而空，然后美美地在里面洗个澡。

对生活在非洲西南部卡拉哈里沙漠中的沙漠蝗虫和跳羚来说，长久的干燥与干旱也是一个不小的问题。为了不让自己渴死，这两种动物都拥有一个“内置气象站”。这个“气象站”会告诉它们在几百千米外的什么地方将会下一点零星小雨，接着，它们就开始向那里进发。楼燕则会将它的“内置气象站”用于完全相反的目的，快下雨时，它们就会进行飓风式的飞行。凭借着90千米的时速，它们很快又会到达一个晴朗之地。楼燕是唯一一种能一直生活在阳光下的动物，它们所拥有的能力着实令人羡慕。

动物们如何储物过冬？

一只松鼠若想活过冬天，那它就必须在第一场雪落下之前找来数万颗坚果、冷杉果和松球，囤积在储藏室内或将其一一藏好——要在秋天的3个月里找来这么多食物，对这种仅重250克、憨态可掬的啮齿类动物来说实在是一个艰巨的任务。为此，在这3个月里，它们除了日常觅食外，每天还需要额外工作大约5个小时。

松鼠每3分钟就得找到、采摘一颗榛子，剥去它绿色的外壳，并找到一个地方将食物埋起来：松鼠必须这样才能养活自己。它简直就是一名动物界的计件工人！

人类中的家庭主妇绝不会把烂苹果放在储藏室里，松鼠也是这样，它们也不会去摘空心、腐烂或有虫蛀的果实。但它们是如何在不撬开硬壳的情况下判断坚果质量的呢？

通过重量可以很快地辨别空心果实，蛆虫害也能用鼻嗅的方式快速判断。要知道松鼠的鼻子可是比猎犬还灵。没有价值的废品马上就被扔到一边。质量检测可以节省很多时间。

废弃的鸟巢和树洞是松鼠最爱的储藏室。不过这些地方并不能放下所有的上万颗坚果，所以松鼠还得将绝大部分冬粮埋在地里。

可是如果到了冬天这些地洞都被冻住了或是覆盖了一层白雪，那怎么才能重新找到它们呢？每个为孩子藏过复活节彩蛋的人都知道，自己要重新找出那些未被孩子发现的蛋有多难。小松鼠能找到上万个储藏点，我们人能做得到吗？

松鼠有个诀窍。动物学家用另外两种储粮动物即星鸦和欧亚松鸦做了实验。

星鸦也会在秋天囤上万份美食，比如橡子，为冬天做好准备。每只星鸦都有各自十分私密的“藏物模式”，好似海盗时代的藏宝者。比如它会先选择把食物放在两根树干的中间，然后向左40厘米，在那里严严实实地埋下30颗左右橡子，也就是一天的口粮。

欧亚松鸦从一根树干旁跑到另一根树干旁，每隔2.8米埋下一堆粮食。这些鸟在冬天还利用同样的方式寻找食物，找到的食物也必然十分丰富。有一次，研究人员将假树干放在了一个可移动的大笼子之中，在星鸦藏好食物后将树干推开。星鸦在过了一段时间感到饥饿后再去觅食，就连一颗橡子也找不到了。

这种记忆和重新找回“宝藏”的方式难道不是充满了弊端吗？有谁或有什么会告诉或提示这些动物不要在元旦时去徒劳地挖一个早已在圣诞节时就被洗劫一空的洞呢？我们暂时还无法为星鸦回答这个问题，不过，我们可能对狐狸有了一些了解。

如果我们的红衣小狐狸在觅食时交了好运，获得了一次吃不完的食物，那它就会把剩下的那些藏起来。只有当列那狐*获得了一台“冰箱”，食物才能长期存放——那台“冰箱”就是厚厚的积雪。

如果这只诡计多端的动物吃完了存货，那它就会用气味给这个地方做上记号：“这里已无物可取，别白费力气了！”这泡尿就是标记。在数周内，狐狸都能闻到这股气味。

我们的蜜蜂同样会用到这个方法。如果一只蜜蜂采尽了一朵花的花蜜，它就会在花上撒一滴香水，以告诉其他蜜蜂不必在此白费力气。它们真是动物世界中合理安排劳动力的典范！

---

* 列那狐原文“Reineke”，出自欧洲叙事诗《列那狐的故事》，后来代指狐狸。——译者注

生活在北极圈内拉普兰北部的白鼬的储存行为听起来极其不可思议。旅鼠是它们主要的食物来源，但旅鼠冬天生活在遥不可及的地底，所以白鼬必须在秋天捕捉旅鼠，将其储存起来，保鲜数月。可是哪怕把肉放在厚厚的积雪“冰箱”里，过了这么长时间后上百只旅鼠也会腐烂。所以白鼬得将猎物做些处理，然后储存起来。

白鼬会在冬天来临前捕食大量乌鸫。乌鸫体内的酸性物质会让白鼬的尿液转化为一种绝佳的防腐剂，沾上尿液的旅鼠肉可以在雪窖里新鲜地保存上好几个月。这虽然听上去荒谬至极，但事实证明确有其事。

这绝对是动物世界中最厉害的储粮本领了。

鼹科动物的冬日储粮方法给人的感觉没那么恶心，不过更加野蛮。它们生活在地下，无须冬眠，但到了冬天它们就待在洞穴里休息。这也意味着它们在进入半睡半醒的节能状态前，必须找到至少能够维持 4 个月生活的食物。

它们首先要找的是蚯蚓。鼹科动物会将蚯蚓直接放在“卧室”边上的食物储藏室内。它们要存放大约 1 000~1 400 条总重量约为 2 千克的蚯蚓。可是，它们要如何将这座蚯蚓园开到冬天呢？如果鼹科动物把蚯蚓都弄死，那么“食物”在几周后就会腐烂；而如果留住蚯蚓的性命，它们又会爬走。作为“地下世界之王”，鼹科动物找到了摆脱这一困境的办法：咬下蚯蚓的前半段。这样蚯蚓剩下的部分依旧能存活，可以新鲜食用，但又不用担心它们逃跑。

麝鼠家族的储粮方法则会让人直接联想到格林童话《汉赛尔与格莱特》中女巫的糖果屋。它们在深秋时节为即将到来的冬天堆起一座座小山包，山包的材料既不是石头也不是泥土，而是无数的粮食：所有的走道和洞穴都用各种水生植物、白菜、块根植物和其他草药的叶子装饰了起来——尽管只是几厘米厚的一层。冬天时，它们就像妇人处理干菜那样处理这些存粮。麝鼠从墙上撕下一层“裱糊纸”，拿到清洗处，用两只前爪拿住干菜放在水中甩动，直到干菜泡胀可食。

说起动物界的仓库管理员，自然不能少了原仓鼠。如果其窝位于麦田之下，那么，它们就会收集多达 15 千克的谷物。倘若它们的生活区附近长有马铃薯、胡萝卜和甜菜，那么，原仓鼠也会找来相当数量的作物。

原仓鼠的这种能力从何而来呢？在演化初期，原仓鼠完全没有考虑到储粮的作用，而是为了能让自己安安静静地进食而不受打扰。许多动物带着大块的食物或跑或飞或游，只有到了不受敌人或小偷威胁的地方才会开始进食。

原仓鼠也不会在发现食物的地方进食，而会用食物将口腔两侧的颊囊塞满。一回到住处就把东西全都倒出，开始食用。现在，只需要完全激发出它们的采集本能，促使它们在吃完囤货之前加紧获取食物。如果原仓鼠不在地道中的某处或卧室里进食，而是选择在一间隔开的“餐厅”里进食，那么，这间用餐室慢慢也会变成储粮的仓库。

古埃及人在法老的统治下依靠理性之力在仓库里储存粮食，而动物们却在很久之前便凭借着大自然所赋予的神奇本能做到了这一点。

动物们的越冬技巧

当冬日刺骨的严寒凝固了白雪皑皑的森林与田野，几乎鲜有生灵在此活动。可是神乎其技的造物主却保证了生命体活下去的希望。本节将介绍几个动物的越冬技巧。

温度计显示那时气温是零下 20 摄氏度。一只老鼠因极度饥饿开始在花园里啃食一个蜂巢。它闻到了蜂蜜香甜的气味，可还没等到咬破蜂巢外壁，它就大声尖叫了起来。成群的蜜蜂嗡嗡作响，被蜇伤的老鼠飞快地逃走了。

这怎么可能呢？在零下 20 摄氏度的严寒中，其他所有昆虫都进入了低温睡眠的越冬模式，可蜜蜂却还有能力将偷蜜者打得落荒而逃。其秘密就是：蜜蜂在冬天也会让蜂巢内部足够温暖，好让它们保持防御能力。

当秋日的气温低于 14 摄氏度时，3 万只蜜蜂就会在蜂房内簇拥在一起形成球形，并通过松开翅膀、振动飞行肌产生热量。球形蜂团的内部温度因此能一直保持在 18 摄氏度以上——哪怕外界天寒地冻，温度低至零下 40 摄氏度。蜜蜂真的是集中供暖的“发明者”！

位于蜂团外表面的工蜂相比蜂团内部的“女同志”会感觉更加寒冷。不过，它们实行的是轮岗制，它们不断地交换位置，好让冻僵了的成员重新暖和起来。

当老鼠闯入蜂巢时，位于蜂团外表面的工蜂会闻到有敌人正在靠近。这些工蜂已经冻僵，丧失了飞行能力。但它们会马上将后腹向上弯曲，伸出刺：这时，蜂团立刻变成了一只刺猬。刺的尖端同时还会流出一滴毒素，气味弥漫开去，就类似于在蜂团内部释放了一个警报信号。几秒后，那些体温正常且有飞行能力的蜜蜂就会做好准备，包围、刺伤老鼠，把它赶回老窝。

野猪也喜欢在冬日里有一个温暖的家。雌野猪在深秋时就会在它们位于茂密丛林中的“卧室”里铺上树叶和青苔。如果必须从远处寻找建材，那么它们会用嘴“扛”回总重多达300千克的草料，用以搭建一个真正的“羊毛”洞。

孤独的雄野猪有着坚实的皮毛，丝毫不知“柔弱”为何物，但它仍会挨冻。然而，前一年刚出生的小野猪却可在洞穴里与母亲一起越冬，并将妈妈当成“床垫”。雌野猪先躺下，然后地位最高的小野猪半躺在它身上，接着是排位第二的小野猪，就这样一直排到“最后一名”。最后一只躺下的小野猪势必得挨一会儿冻，但它至少还可以爬进温暖的暖炉之中。

鹧鸪和雪鸡（岩雷鸟）也有着类似的行为。前一年夏天有幼鸟出生的家庭都会让冰雪将其包围，凿出一个类似于因纽特人圆顶冰屋的建筑，然后全家挤到里面互相取暖。一家的孩子越多，便拥有越多的“炉子”让室内升温，对各位家庭成员也就越有利。可是，如果猎人在秋天射杀了一个家庭中（也就是一条“链子”上）的诸多成员，那么，这个家族的幸存者在冬天就只能冻死了。

有了成群的幼鸟，生活在格陵兰岛北部的雪鸡甚至能在零下40摄氏度的环境中存活。此外，它们如雪般的羽毛也为它们抵御了敌害。

在哺乳动物世界中，与雪鸡“长相相似的”还有雪兔。它们生活在苏格兰、斯堪的纳维亚和西伯利亚地区。到了冬天，雪兔为了伪装会让自己的毛色也变得雪白。它们在秋天就开始建造工程、开凿地洞。一下雪，它们也得像我们人类一样清扫“门前”的积雪。

另一种动物则“发明”出了实实在在的滑雪板，从而将自己从扫雪工作中解放了出来：那就是生活在加拿大的雪鞋兔。雪鞋兔的后腿原本就相当宽大，冬天里，它的腿上还会长出一层厚厚的皮毛，在滑雪时就可以避免下陷的问题了。

除了保暖以外，动物们还得下大力气在冰天雪地里寻找食物。“聪明人”早在秋天就做好了准备，置办好了囤货。

动用紧急口粮是另一个越冬技巧，尽管这些粮食味道很差。就像查理·卓别林在《淘金记》中在阿拉斯加煮皮靴吃那样，松鸡会吃干松针。岩羚羊也会用蹄子挖出雪下的干草茎。马鹿和黇鹿在困境中会从一棵树上剥下整块树皮吃起来。

在德国巴伐利亚森林中，有一次，守林人由于病了，整整一周无法给他守护的鹿群喂食，结果，生长在鹿食槽周围百米范围内的树木都被饥饿的鹿群剥了皮。后来，这些树全死了，必须砍除。

许多鸟类也会在紧急情况下更换食物类型。乌鸫和山雀在夏天主要捕食昆虫、蠕虫和蜗牛，而到了冬天它们只好变成素食者，因为此时，它们只能找到植物的种子。无法适应素食生活方式的鸟类都是候鸟！它们必须飞往遥远的非洲或至少迁徙到地中海一带——这也是动物众多的越冬技巧之一！

在哺乳动物中，美洲野牛和驯鹿也会踏上夏日与冬日牧场之间漫长的旅途。不过土拨鼠（旱獭）、榛睡鼠和刺猬可没法迁往非洲，它们只能依靠另一种办法越冬，那就是冬眠。

冬日休眠的高手当数睡鼠。从 9 月末到次年 3 月初，它们的平均冬眠期长达 7 个月之久。科学记录显示，睡鼠冬眠时长的世界纪录为 323 天。也就是说，一年中它们有近 11 个月都处于睡梦当中。

这种看似死亡的状态仅用“文火”维持生命，可以节省许多能量。所以许多冬眠动物凭借着秋天“藏在皮下”的脂肪（也就是它们吃下的食物）就能顺利地越冬了。

可能否挺过冬天还存在巨大的风险：每三只冬眠动物中就有一只无法在春天苏醒。它们可能在深度的无意识状态下饿死或病死了，可能落入了敌害之口，每年都有成百上千只冬眠动物逃不过死亡的厄运。

研究人员在奥地利施泰尔马克州（施蒂里亚州）一个名为米克斯尼茨（Mixnitz）的洞中曾发现过 3 万头穴熊的骨头，现已证明：它们并非命丧早期人类之手，而是死于冬眠的过程当中。

除了冬眠外许多昆虫还“发明”了冻干过冬法，比如蚊虫。

这些讨厌的小东西在秋天叮咬我们，吸我们的血，破坏我们的睡眠。到了 11 月，蚊子便开始寻找一处安全的越冬场所。可能是在地下室里、房梁上、地缝或树皮里。可尽管如此，它们也有在此遭遇严寒的危险。对此，蚊子们无计可施。它们体内形成的冰晶还会破坏、损伤它们的躯干，所以在蚊子的体液中有一种化学物质可以让它们在严寒中完全冻干，并使其一直保持干燥的状态。

从本质上讲，动物们掌握的这些越冬方法都是在试图回归与自然和谐相处的状态。哪怕大自然只是短暂地变得极不宜居，它们也会做出相应的改变。

鸟儿穿过地狱

10月8日早晨6点左右，舰上刺耳的电话铃声响起："船长，快到甲板上来！一大群鸟正在攻击我们！"詹姆士·里德（James Reed）船长一冲上甲板，不禁毛骨悚然。就像希区柯克的恐怖电影《群鸟》中的情景，数千只鸟的叫声在空中回荡。巨型游轮"巴林之星号"的巨大的甲板上充斥着一大群乱飞乱叫的鸟。它们还从窗口和舱口挤进机房和客舱，并不断有新的鸟群来到船上。

不过与电影场景不同的是，所有动物都表现得十分温和。甚至有几只鹰坐在莺、燕子、鸫、戴菊鸟和啄木鸟中间，却丝毫没有伤害它们。这里一片祥和。

本次"入侵"的原因很快就弄清楚了：来自西南部的风暴正在穿过地中海。鸟类比海员更早地发现了这一点，于是到船上寻找庇护。

出于本能，这些鸟类清楚地知道，如果它们正面冲击速度远超它们飞行速度的强风，那么，它们将必死无疑。这些鸟几天前离开欧洲中部，从西西里岛出发。若正面迎战风暴，它们将永远到不了北非沿岸。

候鸟在秋天飞向温暖的南方，想到冬天即将来临，我们真是太羡慕它们了！可是谁又知道这场飞行之旅要多少次穿过通往死亡的地狱呢?

大约有20亿只体重仅有40~100克的小型鸟凭借一己之力，通过我们难以想象的努力飞越山川、海洋、沙漠，经历黑夜、严寒、高温及其他极端天气，跨越上千千米飞向非洲中部甚至是南非，只为在来年春天再度返乡。

但在迁徙途中，还有无数的鸟儿会落入敌害之口、被人类射杀，或是饿死、渴死、溺死、冻死。仅在意大利，1985 年就有 2 亿只鸟被射杀。尽管如此，它们还总是冒着生命危险、经历难以言说的艰辛踏上旅程，因为中欧冬天的气候对它们而言实在是太过严峻了。

鹟科鸟类、芦苇莺、布谷鸟（大杜鹃）、黄鹡鸰和草原石䳭从欧洲出发，穿过地中海。它们绝对没指望在非洲北部的海岸上有一片救命之地。在这些小小环球旅行者的眼中，水域和沙漠、爱琴海和撒哈拉并无不同。所以它们总是穿越地中海并飞过撒哈拉沙漠，进行一次长线直达的航行。

在这段超级马拉松开始之前，鸣禽的最后一站休息地大概是在克里特岛或者希腊的其他岛屿上。可是，在这里，同样危机四伏，重可致命。

晨光熹微，埃莉氏隼便已站在小岛的海岸线上，以交替的队形用力地飞向空中。金黄鹂、欧洲柳莺、红背伯劳、红尾鸲这些小鸟和其他鸟类在前一天傍晚从希腊陆地上起飞。它们单独行动，根据星辰位置与地球磁场的引导飞行了一整夜。当第一缕阳光洒下时，它们就在着陆区内看到了自己的敌害。

可是返航并不现实，所以它们继续向高处飞行，然后，抱着一种视死如归的姿态以落石般的速度冲过埃莉氏隼的列队，如冰雹砸进灌木丛那样冲向了小岛。在岛上，它们就安全了。在刚才冲撞的过程中，还有很多埃莉氏隼坠亡了。等夜幕再次降临，鸟群们才会继续踏上旅程。

当次日的艳阳灼烧着撒哈拉沙漠，让那里变得高温难耐之时，许多小型候鸟会用一种十分简单的方法给自己降温：它们的一般飞行高度为 300~700 米，而此时它们会上升到最高 2 000 米的高空。高空的温度要凉爽不少。

直到乍得湖，其间是长约 2 000 千米的沙漠。这条旱路还连接着古老的沙漠商贸之路，这其实不无道理。每过几百千米，候鸟就可以在此发现一片绿洲，若它们缺少补给，便可在此降落，寻找水和食物。反过来，迷了路的贝都因人还会跟着迁徙的候鸟，因为它们就是可靠的路标，能将他们带往下一个饮水处。

现在，人类文明的"成就"极大地改变了鹳科鸟类的迁徙习惯。如果说它们之前只在白天飞行是因为夜间缺少它们滑翔所需的上升热气流，但最近 4 年来，它们变得喜欢在晚上飞越撒哈拉沙漠。它们还学会了从一个油田滑翔到另一个油田。远处炼油厂的灯光不仅是它们的指向标，还是热风的来源地。

最近，对这些"环球旅行者"来说，沙漠商路又多了一层意义。沿途空置的油箱与废弃的汽车为它们提供了躲避沙暴的避难所。德国沙漠研究者乌韦·乔治（Uwe George）亲身体验到了这些东西对鸟类的意义。在"喷砂机"到来前，他迅速离开越野车，想把设备搬到安全的地方。可就在那时，20 只燕子如离弦之箭般快速飞来，扎进了车里。几秒钟后，另一队燕子又冲进了敞开的车门。一群群燕子接踵而至。

车内已经没有了乔治的座位。他害怕地冲向汽车，用劲勉强地挤进了驾驶座。与此同时，还有越来越多的燕子挤进车内。

过了几周乃至几个月后，乔治仍能看见这场灾难的各种见证：不仅有鸟的骨骼，还有干瘪的尸体。它们的死或是因为如整只烤鸡般从空中坠落，或是因为车内过于拥挤而无法再找到一块栖身之所。

在大西洋的水域上空也出现了令人咂舌的情况。美国的鸟类研究者在雷达的帮助下发现：许多从美国东部出发的候鸟根本不会沿向南的直线线路飞往巴西。更确切地说，它们会离开“安全”的陆地，在辽阔的大西洋上方向东南方向飞行。在飞行了大约 2 000 千米后，它们就进入了备受阴霾笼罩的神秘地带百慕大三角，来到了其东北部。鸟群在此大幅度转弯，接着朝南美洲沿岸飞去——它们要飞行 4 000 千米、跨越大洋后才能抵达那里。这真是一项了不起的成就啊！

候鸟的迁徙行为令人惊叹，其中最不寻常的现象当数楔形队伍。鹤、灰雁、凤头麦鸡、金鸻、白腰杓鹬及许多其他日间迁徙的鸟类都会采用这种队式。在长距离飞行时，体形大、力量强的鸟可帮助它们弱小的“梯队战友”降低行进难度。正如迪特里希·胡梅尔（Dietrich Hummel）博士所验证的那样，排列成楔形队伍飞行可使所有成员节省 23% 的体力。按比例来说，“排头兵”和羽翼宽大的鸟儿受益极其有限，而远远落在后面的那些翅膀较小的成员则收益颇丰，节省的体力可多达 40%！

尤其是当弱小的成员感到疲惫无力、只能勉强跟上队伍时，那些强健的鸟儿飞行所产生的气流会带着它们前进。这的确是动物世界中的一种负担平衡行为，这样大家都可以存活下来，并在来年的春天集体返航。

所以说，北纬地区的冬天激发出了动物尤为特殊的能力，以确保它们的生命安全。动物们展现出的奇妙能力各式各样，令人惊叹。它们使动物可以重新融入自然界残酷的现实环境，能够继续生存下去。

有一些鸟类的繁育活动却偏偏选在地球最北部、最寒冷的地区来进行，比如说雪雁。不过，它们同样有着自己的生存之道。

那是5月27日。我们正在班克斯岛上，地处宽阔的加拿大马更些河靠近北冰洋沿岸的河口三角洲地带。目之所及，冰坚无缝。河道冰封，陆地雪盖。苍茫天地间，没有任何动物，没有任何生命的迹象。

将近正午，随着一声嘶哑的叫声，70只雪雁突然排着楔形队伍出现了。它们是一支寻找繁育基地的先遣部队。可它们在这儿只看到了一番冬日景象，于是便返航了。一天后，也就是5月28日，2 000只雪雁鸣叫着振翅而来。可它们还得返航。次日，5 000只雪雁又以同样的方式来到了这里。

雪雁这种动物外出寻找繁殖地，最多只愿意试10天。若冬日迟迟不去，夏日久盼不来，那它们就会放弃此年的繁育计划，然后回到温暖的南方。就算生产，它们也无法将孩子抚养长大，因为北冰洋沿岸的夏天只会持续短短几周。雌性雪雁会将体内的鸟蛋重新溶解为体液。严格来说，雪雁其实是不喜欢雪的雁。

到了5月31日，雪终于开始融化，冰层开始断裂，阳光开始露脸。3万只雪雁呼啸而来。每块无雪覆盖的空地上都立马挤满了“准父母”，来晚了的夫妇则只能坐在积雪上等待着脚下的冰雪消融。

空地上的幸运儿赶紧从自己的羽毛上拔下绒毛做成鸟巢，不一会儿，第一个蛋就出来了。一般来说，一只雌鸟这次可产下四五枚鸟蛋。雪雁们可不能在求偶和交配问题上浪费一点时间。雪雁实行一夫一妻制，夫妻俩在同一个楔形队伍中一起经过漫长的旅程飞到最远加利福尼亚甚至墨西哥北部的地方，所以，它们的求爱在旅途的休息过程中就完成了。

冬天很快又将来临，所以，在与时间赛跑的过程中雪雁也加快了繁殖速度：不同于灰雁 28 天的繁殖时间，雪雁仅需要 22 天。22 天过后就有小家伙钻出了壳，幼鸟们破壳的时间也几乎一致。如果雏鸟群中有一只出生晚了些，那么它的日子往往就不好过了。因为父母双方将急切地带着孩子们踏上下一场征程，而不会对晚生的雏鸟抱有一丝怜悯之心。

其原因显而易见，雪雁父母这么做为的是带着家庭成员尽快抵达附近的一片水域，因为它们马上就要开始脱毛了。它们会因脱落许多羽毛而无法继续飞行。对野狼、郊狼和雪狐的恐惧促使它们急急忙忙地逃向水域。无论是父母还是孩子都能在此安全地漂游。

几周后，又将出现一幅壮丽的图景。在一片栖息地上，成千上万只幼鸟将会展翅试飞。可幼鸟们还不敢飞向空中，因为它们想留在尚无法飞翔的父母身边。

8 月中旬，雪雁经过了换羽期。像是有谁一声令下，一大群雪雁振翅高飞。当这群雪白的羽毛“暴风雪”消失在朝南的天际中，来自北方的第一场暴风雪就已悄然来临。

为何饱腹的考拉还得挨饿?

人类每天都会给它吃一种混合了高剂量毒素的新型食物，这种食物可在几秒钟内导致 50 人死亡，而它却将其视作最易消化的美餐。可人类却从不会将自己眼中的健康美食递给它，因为这将令它立刻丧命，它就是考拉（树袋熊）。这是世界上最可爱的宠物之一，它的世界正是如此颠倒。

考拉世界的独特性还远不止如此。澳大利亚的生物学家罗伯特·德加布里勒（Robert Degabriele）博士发现，甚至有一些考拉看似身处于它们最爱的食物桉树叶王国中，肚子圆鼓鼓的，但它们其实还在经受饥饿的折磨。

对这一发现的进一步研究揭开了这种“毛绒玩具”般的动物的惊天秘密，并纠正了迄今被判断错误的一种观点。人类的错误判断是因为我们人完全无法理解这种看似矛盾的东西。

专业人士至今都认为这种“活的泰迪熊”可通过嗅觉发现毒素。这一知识点在所有与动物学相关的书籍中均可读到。每当到了一定的时节，桉树新生树叶所产生的过多毒素即氢氰酸就会威胁到考拉生命，这时，考拉便会爬到另一棵毒素较少的树上。那些死亡时饱腹的考拉应该是被自己摄入的毒素毒死了。

可事实并非如此。其实考拉根本不会中桉树的毒。在它们的胃肠道中，具体在盲肠内部，有一个“化学解毒系统”。为了达到除去毒素的目的，身长只有 62 厘米的考拉体内盲肠却可以长达 2.5 米。食物的浆液会在此停留，一直等到它变得无毒无害为止。

桉树产生毒素是为了防止动物采食树叶。植物的这种化学防御武器却在考拉面前失灵了。所以考拉就获得了这种食物来源，而这个觅食通道对其他几乎所有动物来说都是大门紧锁的。考拉的“桉树解毒系统”让它们能与一个充满毒素的环境和谐相处，并将其变成了自己的天堂。可它们必须为此付出的代价却常常是自己的生命。

考拉身上有一股浓重的桉叶止咳糖浆的气味，远远就能闻到。

这是因为植物的醚油已渗入考拉体内。考拉的皮毛充满光泽，十分柔软，颜色介于银灰与棕黄色之间。有了这种气味，那些想在它们身上做窝的各类跳蚤、虱子和其他寄生虫马上就会中毒而亡。

考拉还几乎鲜有天敌。对它们来说，最可怕的事就是林区火灾；火灾来临时，它们会发出像婴儿般令人同情的叫声，并无助地被活活烧死。可面对人类，它们从未表现出过紧张感，似乎并不知道什么叫逃跑。

但它们生活的环境却绝非无忧无虑的天堂。一天中它们可能只有很短的睡眠时间，因为一只重约 9 千克的考拉要咀嚼吃下 1.25 千克的叶子。考拉做出这一谨慎的进食选择并非依据毒物浓度，而是叶子中的蛋白质含量。它们的消化过程极需耐心，而考拉那条被改造成了“软骨垫子”的尾巴则为它们的久坐状态提供了极好的帮助。

若遇长时间的旱期，桉树便无法长出有营养的嫩叶。老的叶子不断木质化，变成了难以消化的纤维素。为了不挨饿，这种“泰迪熊”必须食用更多的桉树叶。如果干旱持续，不停地进食就会使胃容量达到可能致死的上阈限值。考拉的肚子虽然是满的，却仍会饿死。德加布里勒博士将其称为“衰竭症”。考拉绝望地、日夜不停地食用大量桉树叶，以至于筋疲力尽，一睡不起，然后死去。它们一直艰难地徘徊在最低生存线附近，像懒惰的动物，过着艰苦的生活。

成年考拉能将食物长时间地锁在胃肠道内消解毒素，而考拉幼崽显然只有在经过长期训练后才能获得这种本领。

小考拉出生时只有 19 毫米长，轻得就像一封航空信，只有 5 克重。类似于袋鼠，小考拉出生后就会马上钻进妈妈的育儿袋中。不过，它们的世界是颠倒的！——考拉的育儿袋不是向上开口，而是向下的。若小考拉没有紧紧按住妈妈的一个乳头，那它会很容易掉出去。小考拉会一直紧抓乳头 3 个月之久。

不过，小考拉接下来的日子让我们能清楚地看到育儿袋向下开口的意义。除了母乳外，小考拉还会从母亲那里获得一种解过毒的食物，也就是桉树叶的浆液。因为排毒室即盲肠仅有一个通往外界的通道，母亲的恩赐也通过身体后部的排泄孔排出，而这一开口正好就在育婴房的“门口”——浆液虽然经过解毒，但尚未消化，因为它直接通过大肠流出。

显然，这种令我们倒胃口的东西却给小考拉带去了巨大的享受。如果有哪种动物真的是“从后面爬进”另一个动物的，那便是小考拉和它的母亲了。

小考拉长大了一些后，如果吃得过于凶猛就必须受到惩罚。大“泰迪熊”将小“泰迪熊”放在膝盖上，完全就与虎爸虎妈的行为一致，还会用手拍打它的屁股。

随着时间的推移，考拉妈妈会逐渐提高以“直泻方式准备的”婴儿餐中的毒素比例。它的孩子会慢慢地对越来越高的毒素含量产生耐受性，直到它完全适应了周围充满毒素的环境。等到小考拉 12 个月大时，它的体形几乎与其母亲无异了。此时，它们终于可以从母亲背后的“座椅”上下来，独自在这个世界中攀爬了。

动物们也搞（训练与竞技性）体育运动吗？

“锻炼身体！”“跑步”如今已成了一种口号。可是我们人类究竟为什么要运动呢？难道我们还得快跑来甩掉敌人吗？难道我们一定要拥有“健美的”肱二头肌来应付对手吗？重要的是，活动身体或许能使人保持健康的体魄、帮助预防提前衰老以及提供宣泄压力的窗口。可是很多人出于错误的动机参加体育运动，反而适得其反，造成了身体的损伤。

那么，动物世界中的情况又如何呢？在持续不断的生存斗争中，力量、速度、耐力和身体状况每天都在决定着动物的生死存亡。那么，对每个想要生存下去的个体来说，持续的肌肉训练是不是最迫切的要求呢？

当世界冠军抵达终点时，在英国伦敦的白城体育场内，6 万名观众发出了雷鸣般的呐喊声。起跑箱砰的一声打开，灰猎犬为了追赶一只用绳牵着、有着机械摇尾的木头兔子，如箭矢般用一记 7 米的跳跃冲出了箱子。现在的跑步世界纪录由灵缇犬（又名格力犬）创造：时速为 60.1 千米。

是何种因素使得动物们像人类参加竞技体育般顽强地追赶猎物？是天性？还是我们将野心十足的疯狂想法通过训练强加到了饱受虐待的动物身上？德国的猎犬赛跑让我们对这些问题有了更进一步的认识。究竟是怎么回事呢？

国际猎犬赛跑即将在德国汉堡的法姆森进行。250 名选手蓄势待发，但售出的入场券仅为 95 张，远不如伦敦的 6 万张。现场没有任何媒体与电视转播，只有赛犬运动的业余爱好者和他们的四腿宠儿。

比赛前夜，许多饲养者都将爱犬抱到了自己的床上。灰猎犬对窝的温度要求很高。这样，在 480 米赛道上它们的速度还能提高 3/10 秒。如果赛犬因紧张而度过了一个难熬的夜晚，那么，在次日清晨，主人就会肯定地说："今天没戏了。"

经过几轮预赛后，最终有5名选手获得了进入萨卢基犬决赛的资格。开始！选手"阿黄"如闪电般冲出了栅栏，但它却没有追着玩具兔子跑，在短暂的奔跑后便跳到了赛道旁主人的怀里。选手"阿红"在到达终点前100米突然停了下来，好像想说："为什么我得一直不停地转圈跑？"选手"阿黑"在终点前20米突然丧失了比赛的兴趣。尽管选手"阿蓝"戴着嘴套，但它跑了一半却开始与选手"阿白"扭打了起来，并因此被取消了比赛资格。选手"阿白"受到了"阿蓝"的攻击，后来只是慢慢地继续奔跑，却恰巧朝着终点的方向，并最终获得了冠军。

不过，就算在比赛过程中没有发生事故，德国猎犬的速度也会明显慢于英国的超级"健将"。这是为什么呢？

在爱尔兰，每年都会按照竞技体育的要求专门培育2万只灵猩犬，而在德国，200只猎犬受到了真正动物爱好者的照顾。一些爱尔兰赛犬年幼时就开始在岛上接受不人道的专业性训练，每只猎犬每周的花费约为52马克。2万只灵猩犬中有多少因为"不灵"而惨遭杀害，那也只有屠宰场知道了。但在德国情况则不同，它们大多数生活在其出生的那户人家中，在被视作家庭成员的同时又被培养成业余跑手。

通过这样的对比，我们可以清楚地看到：猎犬的竞技体育其实是对饱经折磨的猎犬的强制性操控，违背其天性，其中还运用了一些野蛮手段。一只赛犬或许喜欢焦急等待着追捕假猎物时的感觉，以及从中感受到的趣味。可是，每当我们想到每年都有上千只幼犬因其身体机能无法达到畸形的成绩要求而被惩罚致死时，我们就可以肯定：毫无疑问，自然界的动物能力被滥用了。

难道其他动物天生都不是能高速奔跑的猎手吗？马的情况又如何呢？

在自然界中，小马驹会进行一些体育运动，但一些较为年长的动物同样也会：以中距离跑的速度进行抓捕与集体赛跑。只有在被狼群追赶时，马才会以最快的速度飞驰（在5.14秒内跑完100米！）。它们并不会像猎犬那样出于狩猎的快感而跑得飞快，它们达到最高时速的情况往往是因为害怕被食肉动物捕获。

作为野生动物，马匹根本不会试着去跃过无法看清“着陆点”的障碍物，例如栅门和墙垣。它们会本能地产生一种恐惧感：在障碍物后方的地面上，可能会有坑。这些坑可能会让它们摔跤或腿部骨折，而在野外，这就相当于是死亡的代名词。

在准备跃障比赛时，首先得让马驹信任它的骑手，学会克服跃向未知的恐惧。这种体育形式是否违背了动物的天性呢？

为了回答这个问题，让我们先来看一个来自人类世界的例子：人类天生怕水（所有类人猿也都一样！），也不会游泳。但人可以学习，游泳常常也会给人带来许多乐趣。同样，只要训练过程中不像个别案例中那样使用残忍的手段，那么，对马来说，跳跃障碍也没有那么痛苦。

信鸽是另一类赛跑选手。

这种鸟会尽可能快地从数百千米外飞回家。它们究竟为什么要这么做呢？为什么它们不在旅途中闲适地稍微停歇？为什么不干脆跟着一群野化的家鸽到田野里去啄食可口的美食呢？实际上许多信鸽也会这么做。它们在几天后才回家，或干脆就不回去了。

因此，饲养者想方设法让他们的信鸽尽快返航：好吃的食物、舒适的鸽舍和良好的待遇。这些手段都十分合理。可是，饲养者中的一些“害群之马”却会做出一些别的事情：在将赛鸽运到出发地之前，他们会放一只雌鸽在雄鸽身边，并且一直等到它们的爱情游戏快到高潮之时。接着，他们便将这对情侣分开，并让雄鸽透过铁笼看到另一只雄鸽与它挚爱的“姑娘”调情的过程。

然后，雄鸽就带着这种印象踏上了遥远的旅途。这就类似于有人在出发前对一位马拉松选手说：“有个陌生男子正在终点处与你的妻子调情！”在这种情况下，为了达到一些目的，人类会以无耻和非自然的方式操纵动物运动员。

让动物做具有进攻性的体育项目是人类对它们做出的最为违反体育精神的事情。无论是让两只寻血猎犬决一死战，或是让两只公鸡像斗士那样互相追杀，还是眼睁睁地看着两条搏鱼在鱼缸中互相撕咬——这些罪恶的运动方式一直都是违反动物天性的野蛮之举，因为这时，动物们正在做一些在野外并不存在的事情：在自然界，较弱小的一方有机会逃跑，并以此保全生命。

那么，动物世界中真正的体育运动到底是什么样子的呢？

尽管人类还从未看到过狮子举起重物，但动物受困于狭窄的铁笼而无法活动时，它们的身体状态将会急速下降，这早就不是什么秘密了。假如给它们提供活动的可能性，那它们会做些什么来防止这种情况发生吗？

家鼠就会！它们甚至发明了一种特别的业余活动。美国的研究者让它们选择是在迷宫中的一条长长的通道上来回跑动，还是使用运动器材踏轮进行锻炼。它们毫无例外地都选择了踏轮。

为了让“顾客”满意，转轮经过了无数次的加工完善，然后供家鼠自由选择。一种典型的自动扶梯效应很快就会出现：像许多人在自动扶梯这个“人体装载机”上不会再多迈一步那样，家鼠们也更乐意选择由发动机驱动的转轮。这样，它们即使活动了也不会过于疲惫。

不过，如果再给它们增加一个灵巧训练作为选项，那它们很快就会后悔在一个轮子上乏味地跑来跑去。灵巧训练的装置是安上了颠簸跑道的转轮、四角形的“轮子”以及设有其他障碍物的装置。跑道难度越高，就越受爱好运动的家鼠的欢迎。

可是，一天清晨，这些小老鼠却都不见了。它们在夜里咬穿了笼子的木壁，逃了出去。发生这起“反抗”事件的原因是所有转轮都由于一个机械故障卡住了。后来的实验也证明：只有在健身装置损毁后，家鼠才会从窝里逃离。这是为什么呢?

这一情形让人不禁思考：家鼠每天的体操训练对它们而言是否真的算得上是一种体育活动，或者另有含义。

所以，位于塞维森的马克斯·普朗克行为生理学研究所的L.德科克（L. DeKock）和伊姆克·罗恩（Imke Rohn）博士选取了一个他们熟悉其中等级地位的鼠群，对它们的踏轮使用情况进行了研究。奇怪的是，跟人类中的幼儿不同，地位最高的家鼠们不会赶走低等“鼠民”、不让它们玩这些玩具。相反，一只老鼠的地位越低，它使用踏轮的次数也就越频繁。

它是想通过锻炼来获得比高等家鼠更强健的体魄吗？这个运动的比喻虽说看似不错，但事实并非如此：一只弱小的家鼠总是在被强壮的同伴挤到一边时才会跳上轮子。它其实是生气地想逃走，但事实上，在踏轮上，它丝毫没有前进，不过，这并没影响它的逃跑意愿。

使用踏轮的都是那些想要逃走却囿于笼中及出于自然原因想要离开此处的家鼠。地位高的家鼠则只会在很少的情况下使用踏轮。例如，鼠群首领只有在交配行为受到人为阻碍时才会跳上踏轮，地位高的雌鼠则只会在其将要生产时才这样做。

鉴于家鼠会因试图逃跑而使用踏轮，那我们还能将这当成一种体育运动吗？具体来看，许多人会出于相似的原因而参加各种各样的体育活动——他们希望在忙碌的职场生活结束后找回内心的平静，将工作中产生的挫折感和因与上司的不和关系而产生的不愉快通通发泄出去。从原则上来说，这跟家鼠的情况一模一样。

不过，在其他动物社群中，情况又如何呢？在青潘猿感觉精力过剩的日子里，它们会有规律地出现狂躁的症状，这其实并没有什么外在的诱因。没有什么招惹它，它也没有被禁止做任何事情，但它却会突然怒发冲冠。

群落中的其他同伴马上注意到了这一点，并做出最聪明的选择：赶紧躲开了那发病的青潘猿。紧接着，它就发起了脾气。它疯狂地尖叫着，跳上了一棵树，折下了一根手臂般粗的树枝，用树枝拍打着树干，还将小树从地上拔了出来。它使出了各种招数来展现自己的力量，直到自己重新冷静下来为止。

康拉德·洛伦茨教授可能会说：它在发泄积聚于心中的那股劲。这么说没错，不过，它每天的这种“体操”运动还是一种特别的健身方式。

人类不能要求动物们像我们这样十分理智地出于健康考虑而进

行体育运动。好斗的本能或对活动的渴望都会引发它们大量的肢体活动——就像笼中的老虎，会在狭小的空间里长时间地进行“猛虎训练”。

对于那些慵懒地在母亲的巢穴中躺了太久的幼崽来说，身体训练格外重要。如果一只羚羊幼崽不想成为鬣狗的美餐，那么，仅在出生 15 分钟后，它就得和母亲一起逃命。它不需要任何训练，反正每天都必须进行这种“体育竞赛”。

生活在安全棚圈中的豚鼠幼崽的情况则完全不同。从它们出生的第一天起，它们就和兄弟姐妹们一起蹲在了一间所谓的“幼儿园”里。一只小豚鼠会突然间高高跳起。它就像一只坐在弹簧上的小恶魔，常常在屋里跳远，或是干脆径直向上跳。

一旦见状，其他幼崽就会立刻被传染上“跳跃症”。这些小家伙就会像摔炮似的跳来跳去，十分开心，直到精疲力竭。

如果我们不让一些豚鼠幼崽参与游戏或运动，那么，它们的身体发育速度就会远远落后于其他同伴。

有时，在动物幼崽之间还有“奥林匹克式”的竞赛，但我指的并不是摔跤、拳击或空手道这些对抗性项目。在动物世界中，这些项目都再日常不过了，无须特别点出。我们还发现了一些动物，它们的身体力量与其能否存活毫无关系。

例如，在印度的内陆湖里生活着少量大斑马鱼。由于这种小鱼必须一直提防个头比它们大出许多的天敌，还得快速地躲进掩体，所以，运动能力和速度要比力量重要得多。因此，它们不会参加斗殴比赛。它们的强项是 100 厘米赛跑。

起点和终点通常是固定的水生植物或石块。两条或多条幼鱼几乎同时出发，哪怕以微弱的优势，率先抵达终点者也是冠军。在每场比赛中都获得“金牌”者即成首领。

不过，最近，我们在一种动物群中观察到了真正的力量训练。这种动物体形极小，很少有人会想到是它们——兵蚁。

经过事后的观察，它们的训练显得很有意义：当蚂蚁国中的劳动者都在辛苦工作时，兵蚁们则懒散地在它们防御式的要塞建筑中闲逛。它们只会偶尔地进入战斗状态，可那就直接是关乎生死的战役了。所以，在和平时期，蚂蚁士兵就会为了对付紧急情况而进行操练。它们可以用钳子抓住重量多倍于自身体重的小石头、小树枝，向上举起，并推着行进——它们不是在运送物资，而是像奥贝利克斯（Obelix）* 扛着他的方尖石那样。

除了家鼠的器械体操、青潘猿的力量体操、豚鼠的高跳以及大斑马鱼的游泳比赛外，现在我们还可以把举重也纳入动物世界的体育项目列表中。

如果将动物们当成奥运会参赛者与人类的顶尖选手一起比赛，那么它们会获得怎样的成绩呢？

在奥运会赛场上，如果男子 100 米跑的计时器显示出 9.9 秒，或者一项新的世界纪录诞生了，至少一个民族数百万人的自豪感就会油然而生。可换成了动物观众，这一速度折算为时速后是 36.4 千米，它们就会将其归为蜗牛速度的级别。就连街上的野狗跑得都比这要快得多。在英国，灵猩犬在赛犬比赛中就可以跑出 60.1 千米 / 小时的速度。

---

* 奥贝利克斯，法国著名漫画《阿斯泰利克斯历险记》中的主人公之一。他力大无穷，总喜欢抱着一块方尖石。——译者注

但犬和狼并不是动物界速度最快的短跑选手。它们几乎永远都无法追上一只健康的瞪羚。跳羚或大瞪羚在草原上逃跑时的时速为95千米。如果它们是百米选手，仅需3.8秒它们就能抵达终点了。可是这个飞一般的速度只能在起步阶段实现。不过，在此情况下，这些羚羊仍能在2秒钟内加速到62千米/小时——这甚至比一级方程式赛车的加速速度还要快。而奥运选手在最开始的2秒钟内只能达到27.2千米/小时。

不过，羚羊仍会被一种动物捕获，羚羊肉对它们来说就如同是勋章般的恩赐。这种动物就是猎豹。经研究者精确测量，猎豹能以112.7千米的时速，每跳5米的跳距赶上羚羊。凭借如此快的速度，猎豹保持着哺乳动物界的百米世界纪录：3.2秒！

可尽管这样，还存在着一种能赶上猎豹的动物。惊奇的是，这种动物就是——人类，他们并没有因为使用技术而变得无能。猎豹在大约跑了500米后会十分疲惫，必须得喘一口气。

南非卡拉哈里沙漠中的布须曼人就利用了这一点。他们会以马拉松比赛保存体力式的速度跟在快速奔跑的猎豹身后，而猎豹只知道惊慌失措地逃跑，然后，站定观望，而后继续奔跑。经过历时一个半小时到两小时的三四万米的奔跑后，短跑冠军就精疲力竭，只好放弃了。如果非洲国家博茨瓦纳决定将布须曼人送上奥运会赛场，那他们一定能将马拉松比赛的金牌揽入囊中。

可是，如果波斯野驴（中亚野驴）也一同站在了马拉松比赛的起跑线上，那么，布须曼人就没有机会了。中亚野驴可是动物界的长跑冠军。人类的奥运冠军完成一场马拉松赛跑需要2小时20分钟，然而，只过了45分钟，中亚野驴就已经抵达了终点。

如果套袋赛跑也成为一种奥运项目，那么，桂冠就将花落澳大利亚——落入红袋鼠的口袋里。

有一次，研究者因为好玩，让几只红袋鼠在袋子中蹦跳，还为此打了个赌。它们的最快时速为 92.5 千米。也就是说，这些“大跳蚤”的速度比绝大多数动物“步行者”还要快。

在动物园奥林匹克运动会短距离跑的赛道上，若将成绩换算成“长跑”速度，红袋鼠后面的排序依次是：兔子，85 千米 / 小时；鸵鸟，80 千米 / 小时；牛羚（角马），78 千米 / 小时；狐狸，77 千米 / 小时；长颈鹿（七步跑），65 千米 / 小时；猫，58 千米 / 小时；斑马，50 千米 / 小时；单峰骆驼，48 千米 / 小时。这后面才是大型肉食类动物，如狮子、老虎和棕熊的时速为 45 千米。最快的人类可以达到 36.4 千米 / 小时，但仍落后了动物们一大截。

下面我们将继续为大家介绍其他项目的奖牌获得者。

跳高：岩羚凭借它 8 米高的弹跳摘得金牌，美洲狮以 7 米的成绩获得银牌，而铜牌则由（200 千克重的）海豚以 6.09 米的成绩获得。海豚所获得的还是跳出了水面的成绩，如果换成人类，就连跳出水面一厘米都做不到。

跳远：金牌由白尾鹿摘入囊中，其成绩为 14.30 米；银牌则由前文介绍过的红袋鼠以 12.80 米的成绩获得（就连在动物中，优秀的短跑运动员也常常是优秀的跳远运动员），美洲狮（12.10 米）获得铜牌，而人类的成绩仅为 8.90 米。

举重：冠军是高壮猿，能举起 890 千克的重物。同时，高壮猿也是自由式摔跤的热门选手。考虑到蚂蚁的体形，实际上，它们也是十分厉害的举重选手。经研究者计算，一只仅重 0.002 8 克的蚂蚁可以扛着一条重 0.145 4 克的毛虫半个小时，然后，带着这个是它 52 倍重的猎物继续奔跑42米回到洞中。如果是一个体重为70千克的人，那么，这就相当于他带着一个约 3.5 吨重的哑铃来到了赛场上。

在拳击比赛中，我很看好生活在加拿大森林中的加拿大马鹿。在鹿角无法使用的季节，它会用后腿站立，站姿足足有 3.5 米高；然后，用前腿与对手或敌方搏击。随便一踢，它都能踢断对手一只胳膊，如果是人，那就直接被打趴下了。

游泳比赛的冠军一定是剑鱼，它们能在 6.3 秒内游完 100 米。金枪鱼的时速为 55 千米，是银牌获得者。飞鱼则以 54 千米 / 小时的速度获第三名。紧随其后的是鳟鱼（43 千米 / 小时）、蓝鲸（40 千米 / 小时）、企鹅（38 千米 / 小时）、鳗鱼（16 千米 / 小时），然后才是时速为 7.5 千米的人类游泳冠军。

在水球比赛中，海豚和海豹将分别摘金夺银。

至于跳台跳水比赛，我看好的则是水蛙。慢速影像显示，它的整个跳水动作都十分协调，在落水时几乎不会溅起任何水花。

从上述简短的介绍中可以看出，尽管我们人类在奥运赛场上取得了很多令人瞩目的成绩，但实际上我们在各个项目中都落后于动物“选手”。如果人类没有大脑，我们可能在远古时代就被凶猛的动物赶尽杀绝了。

相比于狮子和猎豹，人类的牙齿可笑而没有杀伤力，还不如狒狒和青潘猿。人类的肌肉力量甚至无法与鬣狗相提并论。人类走路的速度极慢，几乎任何一只体形较大的野生动物都能轻松地赶上他。人类的攀爬速度和所有猴类相比都不值一提。另外，人类也不像乌龟和鳄鱼那样拥有保护自己的硬壳。不同于绝大部分动物，人类还很容易受伤。尽管如此，人类还是成了地球上最强大的动物；这并非因为我们的身体条件，而单纯靠的是精神力量。

所以，在极少数算是真的参与体育运动的情况下，如果动物与我们人的做法完全不同，那也就不足为奇了。

比如，幼狼需要参加真正的战斗训练。但值得注意的是，在此过程中，没有胜利者与失败者。其规则稍有不同：第一局的获胜者要在第二局中扮演失败者，哪怕它的能力要强于“胜者”。狼父亲是训练的监督员，只要违反了规则，它就会快速介入，向那只暴躁的利己主义者出示一张“红牌”。同时，狼父亲也在培养孩子们在狼群中的社交能力。

年幼的鬣狗会将父母的右耳作为“麻绳”来练习拔河。“骑术比赛”是野牛幼崽的保留比赛，每天会进行多场，这样可以增强它们抗击狼和熊的能力。可是，当这些体重达 1 吨的野牛用肌肉力量互相撞击时，它们从不会伤害到对手。

猴崽们傲慢放纵，在两棵树之间进行着跳远比赛。个子小一些的小猴在起跳前因为紧张做起了鬼脸，但因为不想遭到同伴的嘲笑，它最终还是跳出了这一步。它已经迈出了竞技体育的第一步——很快，它也会尝到摔跤和骨折的滋味。

但大多数动物不需要任何体育训练。羚羊幼崽在遇到猛兽攻击时必须拔腿就跑，这样的情况可能一天发生多次。那它就根本不需要跑步锻炼，反正它每天从早到晚都要听到“快抄小道！”的指令。

一个悖论就此产生：生存在野外的动物单单因为生存斗争就已经拥有了健康的体魄，在任何一项无须辅助器械的运动中，它们都能以压倒性的优势超过人类。

可另一方面，动物们并不懂得我们人类的竞技比赛。能创造纪录的急速追捕不利于健康，这个道理它们似乎天生便知晓了。

第四章

秘密武器与超级武器

防卫者是最好的发明家

一艘小型驱逐舰在与十艘大型巡洋舰开战后，驱逐舰副舰长往海里注入了一种化学药剂。随后，巡洋舰立刻纷纷沉入了水中，而这艘驱逐舰却能以原先 3 倍的速度急速飞驰。

这个场景听起来极富戏剧性，就像科幻小说中虚构的发明似的。然而，这种化学药剂确实存在于现实世界的超级武器库中，它属于一种动物即生活在湖边的双星隐翅虫（Zweipunkt-Kurzflügelkäfer）。

它遭到蚂蚁攻击时，就会使出自己的第一个秘密武器：拔腿跑到水面上，而不会下沉。在美洲，它被称为"耶稣基督之虫"*。它有 6 只脚，每只脚下都有一个固定着气囊的发垫。这样，它就可以轻松地在水面上行走，而把蚂蚁晾在岸上。

但在水面上，双星隐翅虫很有可能又会遇到新的对手，也就是强盗般的水黾。这时，它就会立刻掏出自己的第二样超级武器：它后腿上的腺体会将一种自身产生、用于战斗的化学物质喷到水面上。

一眨眼的工夫，药剂就像家用清洁剂那样见效了：水面张力减

---

* 《圣经》中有耶稣在水面上行走的描述。——译者注

小，水黾原本利用脚上的气囊靠水的表面张力站在水面上，现在整支队伍瞬间下沉，全军覆没。

可双星隐翅虫自己为何不会下沉呢？因为在水面张力受到破坏的区域前方溅起了小小的水花，它便可以顺势在上面冲浪了。这就是它能忽然以正常步速3倍的速度向前行进的原因。拥有了这颗“仙丹”，提速问题迎刃而解。

还有一种超级武器令热带珊瑚暗礁间的小螃蟹能成功抵御无数强大的天敌。如果它想用螃蟹惯用的武器即两只迷你蟹钳（蟹螯的俗称）去吓唬敌人，恐怕就连年幼的沙丁鱼都不屑一顾。

所以，这种小螃蟹在每只钳子上都培植了一颗长满蛇发的“美杜莎脑袋”，也就是海葵。只要轻轻一碰，海葵的触手就会像火焰般伸展，大大小小的触手如幽灵般摆动起来。任何想要吃掉螃蟹的家伙都会像大卫与歌利亚决斗*时那样，吓得落荒而逃。

可是也有一些动物在面对比它们瘦小的施虐者时只能无助地投降，比如蜜蜂就敌不过蚂蚁。这些采蜜劳动者无法抓住小蚂蚁的腿部，也因此无法刺伤它们。一支蚂蚁部队就这样在没有遭到任何反抗的情况下，将蜂蜜库存一扫而空。

不过，印度小蜜蜂就相当有战斗力，它们把蜂房随意地搭建在树上，而蜂蜜香甜的气味立刻就会将周边的蚂蚁通通吸引过来。可小蜜蜂会在“它们的”树干上用黏稠的树脂埋伏好一圈捕捉蚂蚁的胶带，能够有效地预防侵略者的攻击。

尽管蚂蚁会试图拖来一些干草在黏稠的障碍物上方搭桥，可它

---

* 《圣经》中的故事，弱小的大卫靠投石战胜了强大的歌利亚。——译者注

们的战略工程往往一造好就被小蜜蜂破坏了。

在动物界，“胶水”是一种十分重要的武器，尤其是对各类白蚁来说。当血红林蚁在对手的防御要塞上凿出一个洞，它们马上就会发现有上千个小“炮孔”正对着它们，这就是鼻白蚁的秘密武器。

鼻白蚁群中的兵蚁不像其他蚁类或等翅目昆虫，在它们的下颚上没有锋利的钳子。更确切地说，本该长脑袋的地方长出了一根胶棒。兵鼻白蚁可以通过象鼻形状的“炮管”向敌人喷射一种恶心、黏稠且带有气味的液体，将其粘在原地。

在紧要关头，小工蚁也会加入战斗。6只鼻白蚁工蚁为一组，在防御通道上抓住体形较大的血红林蚁，并散发气味，发出信号。随后，一只兵蚁赶到，将血红林蚁牢牢地粘在过道中央。

动物界的进攻武器大多由尽可能强大的啃咬器官、刺针、毒液和利爪组成，但它们却刺激防御者发明出了各式各样了不起的防御武器——动物的体形越小、体能越弱，拥有的防卫技术就越让人惊异。

英国人口中的“巫师鱼”盲鳗（hagfish）就属于这支动物工程师队伍中的一员。德国人将其称为“Inger”，其名字来源于德语“ingeniös”一词，意为足智多谋、富有创造力。

这种体长40厘米的鳗形动物在受到海鳝攻击时就充分展现了自己的创造力。海鳝大口一闭，盲鳗头部有足足10厘米落入了海鳝之口。刹那间，被吞噬了四分之一的盲鳗用劲从每个毛孔中挤出大量黏液，将自己变成黏稠的一团。随后，它将自己尚能自由活动的身体后端打成“8字结”。这个“发明家”是世界上唯一一种能将自己打结的动物。

盲鳗将躯干的前端沿着“8 字结”向后滑动，直到碰到海鳝的嘴巴。盲鳗将敌方之口当作底座，猛地一抽，将头从肉食劫匪的口中拉了出来，就像软木塞弹出瓶子。它脱险了——这简直就像魔术！

动物们的超级武器库库存清单还能增加许多页：龟甲亚科幼虫有对付蚂蚁的诀窍。它们用后肢上的一根两头尖叉扎起自己的粪便，堆叠起来，在必要时将这串粪便扔向攻击它们的蚂蚁。

蝎蛉拥有解绑的技艺。如果落入了蜘蛛之网，它会立即分泌一种魔法药水，给自己松绑。在蜘蛛赶来前，它就能重获自由了。

鹱属鸟类幼雏的胃液极其难闻。无论是谁试图将它们从巢中抢走，都会被喷得一脸胃液，立刻倒了胃口。

12 毫米长的放屁虫（椿象）拥有真正的火箭弹。它的后腹有一个凸起，是可旋转的喷射管，能够瞄准敌害。“火箭燃料”产生于椿象体内的爆炸腺，由过氧化氢、对苯二酚和邻甲基对苯二酚组成。

在发射之前，这些物质在燃烧室内发生化学反应，混合成为一种高性能炸药，并通过酶点燃。在此过程中产生的温度高达 100 摄氏度。白色的爆炸云伴随着轻微的爆炸声升起，气味可弥漫至 50 厘米远，“火箭弹”还能接连发射多达 20 次，把敌人笼罩在“催泪弹”的烟云中。此时，进攻者不仅丧失了进攻兴趣，还得大口喘气。而放屁虫又放了一枚臭弹，在其掩护下敏捷地溜走了。

生物化学家都想拜放屁虫为师，学习如何催生高性能的化学爆炸反应，但他们至今都未能达成目标。每当他们将这些化学物质混合在一起时，实验装置就会发生爆炸。

现在让我们来看看动物毒气战中的魁梧战士。

一些千足虫（马陆）为了对抗蚁群会释放出世界上数一数二的剧

毒气体：浓缩氢氰酸或氰化钾。千足虫其实最多拥有520条腿，全身各处布满了百余个毛孔。进攻时，氢氰酸就从这些毛孔中渗出，覆盖在其壳质的表面上并迅速蒸发为毒气，处于毒气圈内的蚂蚁如果不赶紧落荒而逃便只有死路一条。这种防御武器效果拔群，以至于作为防守方的千足虫都无须做好抬起“千足”逃跑的准备。不过，它们自己不会中毒吗？

人们一直认为，千足虫对自己的毒素具有免疫能力，因此一位动物学学生将抓来的十几只千足虫放进一只塑料袋中。出乎意料的是，它们没过多久全都死了。该学生把鼻子凑近袋子闻了闻……然后也昏厥倒地了。

若有人遭遇了臭鼬的“喷枪”射击，那他宁可撞墙。臭鼬最初生活在美洲的荒野里，现在这群不速之客摇身一变成了城市“居民”。它们所释放出的气体十分难闻，吃过苦头的人一看到臭鼬直直地竖起尾巴，发出“放屁”警告信号时，就会吓得拔腿逃跑。

臭鼬清楚地知道自己的“化学棒槌”的威力，所以，它们不会见人就跑，也不会躲避熊、狼和美洲狮。斑臭鼬是一种体长约为40厘米的食肉动物，长相似貂。在向敌害发出警告时，它首先会将尾巴高高翘起，用前爪愤怒地跺地。接着，它用前腿倒立，屁股朝向敌手。然后，它会顺着肩膀观察对手是否逃跑了。如果对方继续进犯，它就会喷出它的“香水”：液体可喷至5米远，正中敌方面部。

短时间内，事发地周围500米的范围里都能闻到这股可怕的气味——相当于由大蒜、臭鸡蛋和烧焦了的橡胶混合而成的气味。喷上这种“香水”的衣物在未来数周内都无法去除臭味，所以，最好还是将其焚毁。

如果熊、狼和美洲狮的皮毛溅上了臭鼬的体液，这一天“逆风几里外”都能闻到臭气，以至于它们无法猎食其他动物。由于满身臭气，在此期间，它们只好挨饿。因此，当它们再次遇见臭鼬时，唯恐避之不及。

动物与植物之间对抗的激烈程度也丝毫不逊色。在演化进程中出现了许多特殊武器、反制武器以及反反制武器。西番莲是一种生长在非洲南部和中部热带雨林中的攀缘木质藤本植物，它和蝴蝶之间的斗争便尤为特别。

西番莲在生长初期就很艰难。只有在有阳光照射的地面上，它才能向上攀爬。它通常选择缠绕一根树干或腐烂了的东西。为了争夺高处的阳光，在快速生长的过程中，西番莲就开始了与其他植物的竞争。

毫无疑问，任何虫害因此都会给西番莲带来致命的威胁，所以它们必须多加防备。西番莲的一号防御武器是它们自身产生的一种毒素，它能借此令几乎所有昆虫远离自己，但袖蝶除外。

袖蝶是黑脉金斑蝶和孔雀蛱蝶的近亲。它们不仅自身对西番莲的毒素免疫，甚至还能将此毒积聚在体内，使敌害不敢捕食它们——袖蝶最大的天敌是鸟类。袖蝶翅膀上艳丽的图案正是警告：“当心！我有剧毒，别来吃我！”为了适应西番莲，袖蝶甚至将卵产在西番莲上，以便其幼虫尽快摄取毒素。

为此，西番莲又进化出了一种反制药剂——不仅花上有花外蜜腺，甚至连叶子上也有。产生的气味能够吸引成群的蚂蚁，而它们能消灭所有蝴蝶卵及毛虫，是西番莲有效的驻防军。

这大大限制了袖蝶产卵的可能性，因为雌蝶不会选择将卵产在有蚂蚁聚集的地方。在丛林中，袖蝶究竟怎样才能找到西番莲呢？

西番莲科约有 500 个品种。只有西番莲专家和袖蝶才能将它们分辨开来。袖蝶寻找的第一步是确定大致的方向。闷热的空气中飘散着西番莲的气味，能够帮助袖蝶定位。接着，它们需要借助眼睛进行更精准的定位。袖蝶天生就能区别攀缘与非攀缘植物。较年长的袖蝶还学会了如何辨别目标叶子的形状。可以说，它们已经掌握了一定的植物学知识。

此时，西番莲就会使用出第三种防御招数——让叶子变成其他植物的形状，更确切地说是长成“邻居”那样。由于毛虫无法食用这些植物，袖蝶就不会在此产卵。一些西番莲植物甚至将嫩芽长成地面植物那样，而顶端部分的叶子则模仿其他植物生长。

为了找到真正的西番莲叶子，袖蝶在途中遇到可能的选项时必须停下来，用前足上的味蕾直接接触叶子——原始森林中的捉迷藏游戏真的需要极大的工作量！

尽管如此，西番莲还需要拿出第四样防御武器：利用自己的花朵将袖蝶毛虫变成食虫魔，自相残杀。因此，雌袖蝶最多只会在每片叶子上产下一粒卵，而且也会避免在产有陌生虫卵的叶子上生产。

美国得克萨斯大学的劳伦斯·E. 吉尔伯特（Lawrence E. Gilbert）教授研究发现，一些西番莲科植物“表现得”就像叶子上有蝴蝶卵似的。分布在叶片上的花外蜜腺为亮黄色，就像真的卵一样！袖蝶一下子就落入了圈套，放过了这片叶子。只有一些看起来像嫩叶的托叶没有假卵。如果袖蝶在托叶上产卵，西番莲能在卵变为成虫前就将其抖下叶片，以这种狡猾的方式摆脱天敌。

动植物在进化过程中的相互适应与再适应的过程多么奇妙啊！

凤头䴙䴘的“潜艇战”

当一只高傲的疣鼻天鹅沿着基姆湖绅士岛旁的芦苇丛划行时，芦苇丛中突然闯出了一只与它相比十分瘦小的鸟，挡住了“巨人”的去路。那小家伙昂着头，迈着灵巧的步子，钻出水面，看起来就像一只企鹅想在水面上散步。它展开颈部与头顶的浓毛，扯着嗓子，厉声斥责——这只凤头䴙䴘在阻止一只比它重10倍的天鹅进入它的孵化场所。

天鹅认为这只“侏儒鸟”的表演实属蛮横，便张开翅膀，并用喙发出咝咝的响声。可就在这时，天鹅的攻击对象却销声匿迹了——这是凤头䴙䴘著名的闪潜技能！正当天鹅呆滞地观望时，它感觉触电了一般：它的脚被什么东西咬了，而且还在一次又一次地继续着。

凤头䴙䴘使出了它的绝招即“潜艇战”，从水下发动攻击，战胜了疣鼻天鹅，令对方深感绝望。当天鹅逃离这个神秘对手时，还躲在暗处的凤头䴙䴘小心地将脑袋如潜望镜般探出水面，观察敌方是否已经撤退。

胜利的消息让正在孵蛋的雌䴙䴘按捺不住激动的心情，它也离开了巢穴。雌䴙䴘从栖身之所走出，双方均以一种企鹅般的姿势钻出水面，甩动颈部的浓毛，用低沉的嗓音唱着“克尔尔尔”的咏叹调。在结成配偶后，这对䴙䴘夫妻用这种奇妙的仪式一同庆祝防御战的胜利，并借此弱化双方被激起的攻击性。

在美国西北部还生活着凤头䴙䴘的近亲北美䴙䴘，它们的仪式则更为高妙。当雌雄䴙䴘双双钻出水面时，二者星驰电走，互相紧挨着在湖上向后倒退。还真有动物竟能在水面上行走！

凤头䴙䴘从不会直接回到隐藏在芦苇丛中的鸟巢去孵蛋，因为这样做可能会遭到敌害的攻击。所以，它会从水下回巢。只见水面上荡起一个不起眼的小水花之后，它就坐在了鸟蛋上。孵化期内，雌雄亲鸟每隔一两个小时就会换一次班。鸟巢是小夫妻原先的“蜜月之岛”，它是一个漂浮的芦苇小堆，固定在芦苇丛中——这个育婴房相当潮湿。在此孵蛋勉强还过得去，但是破壳而出的小鸟却会在这里冻死。所以，在凤头䴙䴘宝宝出世后，它们马上就会寻找另一处可供栖身的“鸟巢”：就在父母一方翅膀下方毛茸茸的、温暖的背羽间。三四只雏鸟坐在羽间，探出小小的脑袋，与此同时，另一只亲鸟则潜水寻找着水中的昆虫、蝌蚪、小螃蟹和小鱼来喂它们。如果掠食性鸟类破坏了凤头䴙䴘一家的天伦之乐，雏鸟必须跟着一起潜水躲藏起来。若进攻者来自水下，例如遭到梭子鱼的攻击，那么，亲鸟就会带着孩子们一起飞上天空。

至今还未有人观察到，在未顺利“登机”的情况下，雏鸟如何得以生还。但可以肯定的是，这种运输方式其实并非万无一失，时不时就会有雏鸟失联。

不过亲鸟有时也能成功地将孩子从海难中营救出来。它们倒退着靠近遭遇“沉船事故”的孩子，将自己的“舰尾”伸入水中，并展开双翅，以便受惊了的雏鸟能更顺利地爬上来。

雏鸟的第一顿饭十分特别，是鸟的羽毛！如果亲鸟正好无法找到其他鸟类的羽毛，它们就会拔下自己的羽毛喂养孩子。我们目前尚不清楚凤头䴙䴘这么做的目的，但可以确定的是，雏鸟的胃壁表层会因此生长出多孔的薄膜。这层外壁或许可以保护鸟的胃部不受鱼刺的伤害。

等到了一周大时，它们便将迎来关键的“下水”时期：雏鸟可以尝试游泳了。而潜水初级班则要在6周后开课。幼鸟的下潜深度一般不超过7米，历时不超过半分钟。在危急时刻，凤头䴙䴘可以在水下待3分钟，并以精湛的躲藏本领误导敌害。谁都无法预料凤头䴙䴘下一刻会在何处冒出水面。

幽灵、装死鬼与吸血鬼

德国拉策堡湖上月色柔和，温热的夜晚寂静无声。这宁静源自大自然深邃的祥和。可此时，研究者打开了一台机器，人耳无法识别的高音即超声变得可感起来。静谧的月夜忽然间消逝了。一声炸响如数十把机枪齐发，响彻天空。一波刚刚远去，另一波又环绕而来。有时响声不断变大，最终变成咆哮之声。

探照灯让夜间的噪声制造者“无处遁形”：它们就是捕食蚊子、飞蛾的蝙蝠。哪怕在淡月疏星的夜晚，在最幽暗的夜里，蝙蝠也能捕食体形极小的动物，这都多亏了一种人类无法理解的感官。它们发出100方（一种响度级单位）的超声（空气锤也只能产生90方的声响！），通过回声就能清楚地勾勒出所处环境的样貌。蝙蝠实际上是“听”到图像的。正如德国蒂宾根科学家弗朗茨·彼得·默雷斯（Franz Peter Möhres）所言：“就像我们人类借助探照灯的反光在夜间看清身边的状况，蝙蝠也能通过发声器在黑夜中辨别周围的环境。二者的原理类似。”

专业人士将这种定位方式称为声呐定位。这是一种雷达式装置，只是用声波取代了通常的雷达定位所用的无线电波。蝙蝠的收发装置十分可怕，让我们想起未来主义造型的抛物面镜和现代雷达设备中的双极型电池。可早在 5 000 万年前，这种老鼠般大小的“幽灵”就完成了这项“发明”。

根据种类的不同，蝙蝠的鼻突、唇裂、颧骨和额沟长成了极为夸张的话筒和喇叭形状，用于定位的耳朵、嘴巴和褶皱结构也十分古怪。相应地，这些蝙蝠也有了与其长相相匹配的名称：老人脸、老翁、幽灵蝙蝠、吸血鬼、喇叭狗、马蹄鼻等。

这种动物的形态无疑与其特殊的定位技能有着直接的联系。蝙蝠的声呐定位技术也必定远高于人类的水平。工程师们为发展雷达技术已投入了数十亿美元，但他们却几乎没有花费分文去研究蝙蝠的情况，所以，对蝙蝠为何能做到夜行如昼行，我们知之甚少。

一次，蝙蝠和夜蛾之间爆发了一场夜间声呐大战。双方均坚韧不拔，并分别拥有进攻武器、防御与反制武器，能够监听敌方信息，还会利用干扰器及其他手段干扰对方信号。在面对对手的“科技发明”时，双方都在感官和行为层面上展现出了极强的适应能力。仅凭这种适应能力，它们就能活下去。

故事要从蝙蝠的舌头发声讲起。埃及果蝠是一种无害的食果蝙蝠。类似于其他狐蝠*，它们也完全不需要声呐设备，因为它们只在黄昏时起飞，而那时它们的大眼睛尚可看到些什么。当其他狐蝠挂在树枝上睡觉时，它们会受到各方敌害的威胁。但果蝠却拥有最原始的声呐定位仪，这使得它们能够躲进洞中，安全地躲避敌害。

果蝠声波定位的设备“原型”其实十分简单。它们利用舌头

---

* 果蝠是狐蝠科果蝠属下的动物。——译者注

发声，通过回音判断洞中哪里有岩壁、钟乳石，哪里是它们固定的“床位”。这和盲人敲击响板来判断墙壁的方式极其类似。

相比果蝠，其他蝙蝠定位装备的性能有了显著提升，因为后者不仅能分辨岩壁，小到飞虫，大到飞蛾，它们都能发现。它们不再利用舌头发声，而是在喉部发出超声尖叫，通过张开的嘴巴或经鼻子传出，其响度难以想象。中欧最大的蝙蝠是鼠耳蝠，这种蝙蝠在飞行时每秒一般可以发出 12 声尖叫。在靠近目标的过程中超声信号会越来越快，甚至能达到每秒 300 声。

飞蛾对抗蝙蝠的第一种方法是使用“声波防护罩”，它有两种不同的类型：一种是绝对无声的飞行，通过飞蛾翅膀周边紊流区域的光滑边沿来实现；而另一种则借助了一层柔软、隔音的“毛皮”来消音，飞蛾因此几乎无法反射蝙蝠的超声波。多亏了这项发明，除非攻守双方意外碰见，且距离在 6 米之内，否则蝙蝠将无法成功确定飞蛾的所在位置。

可是，仅仅拥有这项装备对许多飞蛾来说却并不顶用。夜蛾、尺蛾和灯蛾科昆虫总计有 46 000 种用以监听“敌方电台”的特殊耳朵。它们能够反射尖厉的声音，瞄准蝙蝠，使其受到自身超声波的攻击。黑夜中，一旦蝙蝠在飞蛾周围 30 米内，飞蛾监听敌情的预警神经就能感受到蝙蝠的叫声，然后立刻转身逃跑。

蝙蝠飞往何处，飞蛾就会在被定位前赶紧四处飞离。如果蝙蝠的航道如燕子的那般笔直，那么，它们几乎无法碰上什么蛾虫。所以，蝙蝠们又发明出了一种反防御策略，即旋飞。

这种飞行方式看起来极其业余、笨拙。当我们看到蝙蝠飞行时两只“伞”翅的样子时，就会不由自主地联想到“奥托·利林塔尔

（Otto Lilienthal）的第一次试飞”。但这其实是人的错觉。蝙蝠捉摸不定的曲线路径能让飞蛾难以判断其飞行路线。

有研究人员尝试用锦纶线缠绕出错综复杂的地势，蝙蝠则在实验中展现出了高超的飞行技巧。锦纶线只有人类半根头发丝那么粗，而看似拙劣的“飞行员”却一次都没有触线。

对蝙蝠来说，飞行就如同我们人类灵巧地活动手指那样轻松，因为它们的很大一部分翅膜直接受到超长指骨和掌骨的支配，工作原理与伞骨的类似。蝙蝠的后肢也能有效地参与翅膀活动。另外，蝙蝠的翅膀的皮膜上长有肌肉，那是不间断的拉升动作的生理基础；蝙蝠每秒最多可以上下振翅 18 次，频率之高十分惊人。

如果一只蝙蝠凭借旋飞策略与灵巧的飞行技术进入飞蛾周围 6 米的范围内，这并不意味着飞蛾已成为蝙蝠的囊中之物了。此时，飞蛾的耳朵会发出剧烈警报。某些种类的飞蛾会收起翅膀，让自己如石块般自由下落。美国动物学家在探照灯下拍摄到了飞蛾更为灵活的闪躲动作。它们有的像兔子躲避尖钩，有的翻起了跟头，快速旋转，向前移动，“英勇地”借助“波涛”冲到蝙蝠身后，或将多种飞行技艺相结合，让黑夜猎手扑个空。

面对飞蛾的空中杂技，蝙蝠只剩最后一招了：当飞蛾进入它的“手作用半径”之内后，它就会利用一只翅膀上的“雨伞”或是尾部皮膜的“制动降落伞”抄起飞蛾。

此时飞蛾却从容不迫。在危急时刻，灯蛾科昆虫会利用超声波发出呐喊，蝙蝠就会立刻唯恐避之不及，丢下“吵闹”的猎物。

这是干扰信号，还是警报呼叫？若是，那小飞蛾在警告大蝙蝠什么呢？飞蛾这是在告诉蝙蝠，它很难吃或充满剧毒！在 6 000 种灯蛾中，的确有一些是在用超声波“撒谎”。它们根本无毒无害，却向蝙蝠发出警告，也因此毫发无伤。

但昆虫并非唯一一种会在夜间落入觅食者之口的动物。在南美洲生活着一种蝙蝠，以捕捉树蛙见长。当长腿蛙沐浴着月色，在树枝上高歌时，蝙蝠正在注视着它，然后正面攻击，将其吞下。

另外四种南美蝙蝠还具备在漆黑的夜晚捕鱼的能力。在过去很长一段时间内，它们捕鱼的方法都是个谜，因为没有任何一种声呐设备能穿过水面。现在，谜题揭晓了：鱼在行进时会搅动水面，蝙蝠可利用自己能接受超声波回声的感官“观察”水上的涟漪，伸出带刺的利爪，将鱼拖出水面。

可是，最可怕的事情发生在另一种蝙蝠身上。它是名副其实的吸血鬼，同样生活在南美洲。

若在野外过夜时没有使用蚊帐，一只身长仅为 9 厘米的“德古拉”吸血蝠就可能降落在一个人身上，且他无法察觉，因为它飞行无声，着落无形，划抓无感。嗜血者在人体上从容地来回走动、寻找合适的叮咬位置，而人都没有任何感觉。

吸血蝠的行为就像一场外科手术。它先用舌头轻轻沾湿计划切口处周边的区域，唾液可以防止血液凝结。它还会刮去手术区的毛发。

接着，吸血蝠张开嘴。两颗极为可怕的裂牙最先展露出来。但不同于恐怖故事中的诺斯费拉图（Nosferatu）*，它不会用牙齿直接叮咬受害者，因为这样会将受害者惊醒，吸血蝠也会遭到驱赶。所以，

---

* 诺斯费拉图，同名德国表现主义恐怖片中的吸血鬼。——译者注

吸血蝠会用刮刀般锋利的门牙轻轻地划破受害者的皮肤，就像拿着一把手术刀，而且受害者没有痛感。这个伤口长 4 毫米、深 5 毫米。

吸血蝠也不会通过这个伤口吸出血液，因为这也会让受害者从睡梦中醒来。吸血蝠选择等待，让血液渗出，然后用舌头舔舐血液，直到它喝下相当于半杯利口酒杯装（1/2 盎司*或约 15 毫升）的血液特饮。

吸血蝠给拉丁美洲的牛群、马群、羊群和猪群带来了严重危害。1978 年，有超过 200 万头牛死亡，其中绝大部分死于通过吸血蝠传播的疯牛病。而牛群在南美洲分布广泛，也为吸血蝠的大量繁殖提供了有利的条件。目前，吸血蝠的数量已达到了前所未有的高度。

由于吸血蝠特殊的行为方式，许多蝙蝠喜欢聚集而居。1960 年，生活在美国新墨西哥州卡尔斯巴德洞穴中的粪肥蝙蝠尚有四五百万只。这就意味着在每平方米的窟顶都倒挂着多达 3 000 只蝙蝠，这景象就好像熏制室里挂着的火腿。17 000 年来，它们的粪便堆积如山，足有 15 米高。洞穴里充满了氨气，臭气熏天。这能使天敌远离它们，蝙蝠们也因此能够安住于此。

研究者观察了蝙蝠傍晚时分的离洞场景。每秒钟都有 1 250 只蝙蝠振翅通过出口，但需要整整一个小时后，洞里才空无一“蝠”。这些“幽灵”会在夜空中形成多么巨大的“烟柱”啊。它们飞到 70 千米之外，然后当晚返航。在此期间是它们的觅食时间：每只蝙蝠每小时可吃下 500 只飞蛾，一个晚上下来，整个团队共计捕食昆虫 40 吨。

---

* 1 盎司 ≈28.35 克。——编者注

比蝙蝠出洞更为壮观的还有它们拂晓时分返航的场景。蝙蝠收起翅膀，从数百米的高空俯冲而下，就如石块从天而降。在落地的过程中时而会传来风弦琴声般的声音。蝙蝠以最快的速度飞回洞穴，在一秒钟后，少数蝙蝠就倒挂在了它们的固定“卧铺”上。

它们将翅膜卷起，当作睡袋。此时它们不仅闭上了眼睛，也用一片膜关上了耳朵。蝙蝠简直就是耳塞的“发明者”。

当寒冬来临时，蝙蝠的生活环境开始变得十分危险。在意大利，一些蝙蝠会搬进它们城堡中更温暖的楼层里。另一些则会飞行百里在温暖的地方安营扎寨，或是干脆像候鸟那样穿越千山万水。但它们的定位方式至今都是个谜！

还有一些蝙蝠会在冬天选择装死。它们将体温降至几乎零摄氏度，进入冬眠状态。与刺猬、仓鼠、土拨鼠和睡鼠不同之处在于，蝙蝠冬眠不需要一个舒适的地洞。

每过一两个月，蝙蝠就会从睡梦中醒来一次。奇怪的是，许多种类的蝙蝠会在这个冬眠间歇期内交配。雄蝙蝠醒来后就会为自己寻觅一个尚在沉睡的配偶，在它脖子上咬上一口，将其唤醒。稍等片刻，当“女士”也清醒后，双方便开始交配。然后，二者再次进入梦乡，自动解除“夫妻关系”。

在蝙蝠社群中，没有忠贞的婚姻，没有地位的高低，也没有为了争夺雌性而出现的尔虞我诈。它们没有较高级的社群组织生活，也没有团结的凝聚力。它们在一定程度上是由一个个无名氏组成的集体。就连母子关系也不稳定。

诞生，是一项杰出的艺术创作。为了避免小蝙蝠在出生后因光线直射而掉进下方的洞穴裂缝里，蝙蝠母亲除了用脚爪，还用皮膜上突出的钩爪牢牢地抓住窟顶的岩体。它的身体就变成了一个小小的吊床和摇篮。

出生后的头几日，蝙蝠幼崽像小猴子似的抓着母亲的肚皮。为了确保孩子的安全，许多种类的蝙蝠母亲还多长了两个不出奶的乳头。小蝙蝠可以吮吸乳头，还能就这样用嘴巴吊在母亲身上。它嘴巴里的乳牙就是为此而生的

生活在美国西部的苍白洞蝠就像一位帆船选手，它将幼子带上甲板，并将其用“绳”拴在桅杆上。它的两个孩子在出生后的几天里仍与它脐带相连。再过几天，孩子们会前往一个所谓的“婴儿房”，也就是育婴室。其规模之大，在整个动物界都无可比拟。

经研究者计算，美国亚利桑那州的鹰溪洞穴中曾经有一个托管了 2 000 万只蝙蝠幼崽的育婴室。在澳大利亚北部的约克角，也曾有 400 万只小狐蝠悬挂在红树林中。

蝙蝠托儿所的规模如此庞大，以至于蝙蝠母亲再也无法找回自己的亲生骨肉，所以，它们会喂养任何一个正好向它们乞食的小家伙。按这种方法，理应有许多被遗忘的孩子得挨饿，但实际上其数量并不多。因为每位母亲的奶量足够四五个孩子饮用。它们的日产奶量相当于自身体重的 16%。这就等于一头奶牛每天得产奶 80 升，而奶牛的实际产奶量却只有 11~18 升。

每位蝙蝠母亲都会喂养一大群非它亲生的孩子，但若有任何一只小蝙蝠掉到地上，则不会有谁伸出援手。

这样的托儿体系确保了蝙蝠的大规模繁育，但它只是一个由无数个无名的“编号”组成的无明确组织关系的集合式群体。在这个社群中，成员的身份随机可换，它们无爱也无忠。

肉食性蜗牛的恐怖小屋

您是否知道在蜗牛中有许多危险的肉食者？有的甚至能将人类杀害。它们会使用棒槌、短剑、毒液和钻机等“工具”。它们捕捉猎物，用硫酸将其溶解，在食用前将其麻醉，它们还能利用看似超自然的感官系统发现猎物，它们就是生活在海洋中的腹足纲生物。

已有许多潜水运动员在加勒比海域遭遇了讨厌的意外攻击。他们在一座珊瑚礁上发现了一个长约20厘米、长相古怪的蜗牛壳，并毫无戒备地伸手触摸。可忽然间，这个蜗牛壳咬伤了他们的手指，凶器如刮刀般锋利，伤口出血。

这些潜水者不知道，出现在他们面前的是一种凤凰螺。它们的后肢上有一个“小门”，因而可以紧紧地蜷缩在壳内。但这个“挂”门同时也用作刀剑，因为它的边缘锋利如刀。尽管凤凰螺是食用海藻、海草的素食生物，但它们可用这把匕首像个海洋骑士一样杀死攻击它们的掠食性鱼类和螃蟹。

生活在地中海的梭尾螺有长达30厘米的壳，它们的自我防御能力一点也不逊色于凤凰螺。一条海鳝以为自己发现了美食，迈着鳗鱼般的“步伐”正一点点靠近梭尾螺。可梭尾螺早就用它的柄眼发现了死敌，它用腹足紧紧吸在一块石头上，并向上打开了“房门”，引诱海鳝。就在海鳝冲上来的那一刻，梭尾螺关上“房门”，像凿子那样紧紧扣住掠食者。梭尾螺会将海鳝扣押数小时之久，直到它没有了生命体征。

其他的腹足纲海生动物将这种防御武器改装成了可怕的进攻性武器，例如，生活在地中海和北海中的著名的北蛾螺就是如此。在海底，北蛾螺的“狗鼻子”能发现30米外的一个鸟尾蛤。北蛾螺一碰鸟尾蛤，对方就会快速合上壳，关上它的“保险箱”。但北蛾螺是个聪明的抢劫者，它能清楚区分不同类型的“保险箱”，并拥有相应的“开锁”方法。

面对小型“保险箱”，北蛾螺会用腹足紧紧吸住对方的一片贝壳，用自身壳口边缘将对方的薄壳敲碎。

中号“保险箱”的外壳较厚，不易直接击碎。北蛾螺仍会吸附在一片贝壳上，将壳口边缘伸进贝壳间的缝隙，将其撬开。

如果遇到了难以撬开的大号“保险箱”，北蛾螺就会等上几个小时，直到鸟尾蛤认为自己安全了，然后打开一丝缝。这时，北蛾螺就像一个把脚卡在门缝间的叫花子，将壳口边缘塞进贝壳的夹缝里，然后将它长长的嘴巴伸进鸟尾蛤壳内，且不会被夹嘴。最后，北蛾螺将对方壳内的肌、膜、足等部分通通挤了出来。

而加大版的“保险箱”则可能咬断北蛾螺的嘴。北蛾螺就延长等候时间，直到鸟尾蛤大开口后用力冲向它，将其闭壳肌切断。

如果一个光滑的海螺壳就能集凿子、碎石器、屠刀和坚果钳子为一身，那么，那些具有攻击性的疙瘩、尖角和钩子的海螺的情况又会怎样呢?

许多海螺的外壳就像耶稣受难时戴着的荆棘环，布满了利刺。这是它们的防御武器，尤其是在对抗肉食性腹足类动物时。类似于牙科医生的电钻，它们可花上几小时，用自己的利刺在敌人的钙质壳上打出一个小孔，往孔中射入高效消化液，将对方融成液体，然后用嘴吸食——就像用吸管喝饮料那样。

还有一些海螺将外壳上的凹口当作凶器，如巴拿马海域中的腹齿螺。腹齿螺利用这把锋利的三棱匕首将它的猎物藤壶以流水线的方式一一刺死。

使用捆绑法的狩猎者也相当残忍，毫无怜悯之心，比如斑马玉螺（Gebänderte Mondschnecke）。它们是北海与地中海中最为常见的肉食性海螺。在海边捡过贝壳和海螺的人都知道，它们的外壳上有一些极小的孔眼，正是这些小孔导致了它们的死亡。这几乎都是肉食性海螺的杰作。

因为利用粗齿钻孔需要几个小时之久，在此期间，必须将“病人”按在“牙科椅”上。如果在坚硬的岩石地面上，这自然不成问题。猎食者直接吸附在受害者外壳上，在“搭乘便车”的同时不停地钻孔，直到孔洞钻通，开始猎杀行动。

但在布满沙砾或淤泥的地表上就会遇到麻烦了。猎物很快就会陷入沙土里，并以在地下最快的行动速度摆脱骑在它身上的猎手。这时，捆绑法就派上用场了：捕食者蠕动到贝壳上，将猎物翻转过来，并用它那黏稠、坚韧的“黏液绷带”缠绕对方多圈。

无力撕破“捆绳”的贝类都将死去。掠食性海螺就像牵着缆绳那样用粘带把猎物拖在身后，找一个“安静舒适的角落”，给壳打孔，吸干猎物。

斑马玉螺不仅会攻击各种贝类，还会对海螺甚至是自己的同伴下手。它们是无所畏惧的“食螺族”。

一些海螺会像蜘蛛织出粘网，用以捕食猎物。还有一些则模仿毒蛇的做法。它们生活在印度洋–太平洋海域，足以将人类致死。若将其空壳堆放在一起，它们不仅看似人畜无害，而且还极为美丽。它们被称为“海洋的荣耀”、“大理石锥”、“教皇的三重冠”或“主教的头冠”。

可事实完全相反，它们一点也不神圣。它们将每颗粗齿都改装成了长达 9 毫米的毒针，所携带的致命毒物类似于（植物性）箭毒，能在几秒钟内麻醉猎物，使其丧失行动能力。若人类被刺，致死率为 20%，高于被眼镜蛇和响尾蛇咬伤后的死亡率。

地中海里身长 30 厘米的栗色鹑螺不禁让人想起英国的一些杀人魔王，他们将受害者泡在放满酸性液体的浴缸中，将其彻底溶解。栗色鹑螺分泌的不是唾液，而是硫酸。它们口中有一根特殊的软管，能防止自身遭到腐蚀。但受害者的软组织却只能化为一摊浆液。

如果得知有些腹足类动物的致命武器是从其他动物那里抢来的，那么，我们必定对此惊讶不已。以水母、海葵和其他浮动的刺胞动物为食的腹足纲蓑海牛科动物就是这样一种动物。

在蓑海牛进食时，刺丝囊毒素并不会对它造成伤害，因为它所食用的刺丝囊会完整地通过蓑海牛的口腔以及肠、胃，并聚集在其背部的丝状背囊中。哎呀，现在来了一个想要吃掉蓑海牛的家伙，这时，蓑海牛立即就从藏好的“胶囊”中释放出毒素，让敌害失去意识。

这种防御武器威力极强，以至于这种腹足纲动物再也无须外壳的保护。因此，它们不再将小窝壳扛在身上，而是赤裸地游走于世间。

将他者自卫所用的刺丝囊藏于体内并为己所用是一种相当不凡的本领，这些动物还能以一种尚不为人知的方式自我调整而变为其他类型的海洋腹足纲动物。

比如说：到了 2079 年，世界上的人口总量将是现在的 10 倍。

为了让所有人不惧饥饿，一部科幻小说畅想到，生物化学家将在人体内注入叶绿素。从此往后，“绿人”就能像植物那样生活了：人们只需要轻松地躺在沙滩上晒太阳即可。叶绿素会将空气中及水中的二氧化碳转化为糖分。尽管这无法完全填饱人的肚子，但这却是一种理想、便捷、经济的补给方式。

这一绝妙发明其实并非异想天开。尽管其尚未在人身上实现，但早有海蛞蝓用这种方式生存。

囊舌类海蛞蝓身长 2.5 厘米，日常食用海藻。若找不到食物，它依旧能够存活。它前几顿吃下的叶绿素并没被消化，而是被保存在它背部叶片状的绒毛中。储存在此的植物细胞仍能照常运作，在阳光照射下产生糖分，成为维持这种海蛞蝓生命的食物。

吃了一顿“饭”，还有 6 周的时间去寻找下一顿“饭”！而且它还利用植物“贷款”将自己变成了植物！

海蛞蝓世界的神奇逸事还远不止于此。许多海蛞蝓还会通过投掷微小的“幼崽”自卫，有的不仅裸露身体，还在背上做了美丽的装饰，就像蓑海牛那样。这难道不会很容易招惹敌害吗？

不会。因为它们给自己找来了效果胜过旧“装备”数倍的防御武器。在 4 500 种不同的蓑海牛科动物中，有一些周身涂满了自己产生的毒液和苦味素，对大多天敌来说它们并不可口。此时，美丽的装饰传递了这样一个信号：“小心！别来吃我，我一点也不好吃！”

生活在五光十色的珊瑚丛中的蓑海牛可将猎物体内的色素保存在自己背部长长的绒毛当中。无论这种小型肉食性螺类吃下了多少黄色的海绵、紫色的海葵、橙色的珊瑚或彩色的水母，它都能很好地将自己变成猎物的色彩。

遇到试图自我保护的海绵，蓑海牛就会将它们通通吃掉，以便将它们尖锐的钙刺储存在自己体内。蓑海牛将其带“刺”吞下，然后把刺堆积于背部绒毛之中。如果一条鱼试图啃咬蓑海牛，它的嘴立刻就会受伤。

生活在地中海的多足海蛞蝓不仅收集尖刺和刺丝囊作为防御工具，它们还会寻找会产生荧光的海上单细胞微生物。这种海蛞蝓也不会将这些食物消化掉，而是让它们在其壳内的小囊中继续存活，将上千个单细胞微生物当成“一盏明灯”。当多足海蛞蝓被敌害激怒时，它就能“借光”：它迅速“开灯”，令对手晃眼，然后落荒而逃。

用断肢“喂”敌来逃生

为了拍摄蜥蜴，我一直守在酷热的摄影棚里。当我看到这个扣人心弦的场景时，我已在那不勒斯南边的帕埃斯图姆神庙废墟旁待了好几个小时。我看到一只身长约 25 厘米的意大利壁蜥，其表皮上带有绿、白、棕三色。那时它正在它的柱子专座上晒着太阳，和我一样一动不动。忽然间，飞来了一只喜鹊。在喜鹊咬住蜥蜴之前，那只蜥蜴就自断了一截两厘米长的尾巴。

这截断尾立刻摇晃起来，看起来十分可怕。从远处看，这就是一块肉，但它却有力地抽搐着，爬来爬去，立刻吸引住了偷盗成性的喜鹊。喜鹊没有犹豫太久就吃掉了这段尾巴。与此同时，蜥蜴赶忙逃跑了。它试图通过这种反射性的自残行为，也即所谓自切，来保全自己的生命。在仓皇逃窜的过程中，蜥蜴从柱子上摔了下来，倒霉地掉到了离刚才断尾处不到30厘米的一个裂缝里，四脚朝天地卡在了那里。

接下来发生的事情更为特别：尽管蜥蜴绝望地蹬着四肢，无法移动，但喜鹊却一点都没有注意到它，享用完断尾就飞走了。

我感觉：喜鹊只是把蜥蜴当成了美味尾巴的供应商——就像我们把母鸡当作下蛋的工具，而不会将其做成烤鸡。

为了解开这出精彩大戏背后的秘密，我们首先应该看一看蜥蜴自主断尾的过程。

蜥蜴的最后六节尾椎骨与邻骨之间有一个关节，类似于两块巧克力间的凹槽，这里包围着一圈括约肌。若蜥蜴用力收缩尾部肌肉，后半截尾巴就会脱落，好比我们将前臂的肱二头肌拉得太紧而致其断裂。

面对想要美餐一顿的天敌时，蜥蜴不会乖乖送上全尸，只会忍痛交出一小段尾巴——美洲的一种蝘蜓亚科蜥蜴将这种生存准则诠释到了极致。断尾会以蛇类最快的逃跑速度向前移动。实际上，这个独立的肢体部分在茂密的丛林中还时常能够成功躲避天敌。

危险警报解除后，小蜥蜴作为断尾的合法拥有者会试图找回那段尾巴。找回后，将其吞下。它竟然如此野蛮，会吃掉自己的肢体！可是从营养短缺的角度来看，任何一块肉都很重要。

尾断后，所有蜥蜴都会慢慢长出新的尾巴。可再生尾中没有一节节的尾椎骨，而只有一根软骨。此后，这一条再生尾便无法再次像原先那样断尾了。

蜥蜴的年纪越小，再生尾生长得也就越长、越完整。我们在老蜥蜴的身上就能清楚地看到断裂处的伤口和比例不均、不甚美观的小尾巴。如果软骨部分之后又被抛弃了，那么，蜥蜴甚至有可能长出两根小尾巴。

在断尾时，蜥蜴会截取尽可能小的一段，一般只把其六节尾椎骨中的一节当作“施舍”捐赠出去，以此保证不轻易浪费“六条命”，或不过早地失去它们。

若是有人靠近，蜥蜴从不会断尾，因为它大可选择逃跑——除非有人敏捷地抓住了它。可要是被猫抓住了，就连我们的中欧捷蜥也会立刻截断后腿后面的整条尾巴。因为猫是不会满足于这一小截尾巴的，所以，蜥蜴一下子就把自己六条命中的五条贡献了出去。

但它只会给肉食性小鸟丢去一小节尾巴，以留住尽量多的尾节。

德国拉多尔夫采尔鸟类研究所的汉斯·勒歇尔（Hans Löhrl）博士研究发现：在有大量蜥蜴生活的地区，时常发生一种情况，喜鹊和其他捕食蜥蜴的鸟类早已习惯每次只能吃到一节断尾。因为有了每次进攻都只获一节断尾的老习惯，鸟类根本不会再试图去啄咬蜥蜴的躯干。每次相遇，鸟类都会满足于蜥蜴送上的那点捐赠，哪怕蜥蜴在它们身边四脚朝天无助地蹬腿，它们都会放蜥蜴一条生路。

相比蜥蜴，有两种中美洲蟹类的行为更胜一筹。研究者观察到了一只身长 20 厘米、大体形的淡水蟹遭到水獭攻击的全过程。螃蟹进入战斗状态，将两只蟹钳向上高举。一秒钟过后，螃蟹用一只钳子夹住了水獭脖子上的皮肤褶皱，另一只则钳住了它的前肢。随后，咔嚓一响，蟹身与蟹钳分离，逃跑了，而它的武器则仍在对手身上夹了将近 10 分钟，弄疼了水獭。这事真是稀罕：竟有动物一面进攻，一面逃跑！它用双钳换取了生命，而蟹钳很快又会重新长出。在之后的实验中，一只泰迪熊玩偶扮演了螃蟹的“劲敌”。泰迪熊的每次进攻都以挂在鼻子、嘴唇或耳朵上的两只蟹钳而告终。

对许多昆虫和其他节肢动物来说，断肢早就不再等同于“骨折”，短时间内，它便会重新长出。

有时，被抛弃了的肢体也会过上独立的生活。在热带地区生活着不同种类的千足虫。它们在受到鸟类攻击时，就会切断众多步足中的一条。尽管一条腿无法自由跳动，但它会像蝗虫似的发出清晰可闻的窸窣声，彻底转移天敌的注意力，而此时，千足虫便赢得了逃跑的时间。

更令人惊讶的是，类似的事情还能在哺乳动物世界内窥见。让我们来看一个故事：憨态可掬的园睡鼠是睡鼠的近亲。一只园睡鼠的末日看似即将来临。守林人在德国哈尔茨陶夫豪斯村里有一片园子，园睡鼠正在这里吧唧着嘴，啃食成熟了的李子。在新月暗淡的光线下，一只貂鼠爬上了树干。

逃跑绝无可能，貂鼠跑得更快。如果小睡鼠能在两秒钟内抢先逃跑，它仍有可能通过跳跃和全速奔跑躲回它那位于麻雀窝里的救命小屋。没想到园睡鼠还真有办法先跑一步。

在逃跑时，园睡鼠通常会在貂鼠前面摆动它那 13 厘米长、蓬松的大尾巴，就像晃动一根孔雀羽毛似的。貂鼠向前一扑，抓到的却只有尾毛。

对于一些猎物，如松鼠、睡鼠和田鼠，只要像抓绳子一样抓住受害者的尾巴并将其杀死就可以了。但这一招对园睡鼠却不奏效。在尾巴被抓后的一瞬间里，园睡鼠就会撕裂预先设计好的那块皮毛，然后全速逃跑。当貂鼠满足于那一小块带毛的“香肠衣”时，园睡鼠则拖着它那脱了块皮的大尾巴溜走了。它自由了。

这是一种类似于蜥蜴自切行为的计谋，只不过蜥蜴舍弃的不只是皮肤，而是尾部带骨的部分。而园睡鼠在弃皮时也丢失了几节尾椎骨。没有皮肤覆盖的骨骼很快就会变干结痂，并开始瘙痒。最终，尾巴的主人会自己将其啃去。

过了一段时间后，伤口处会长出一撮长毛。这时，园睡鼠看起来就像是一只小小的松鼠。

园睡鼠还有一个古怪行为。由于它们只在夜间觅食，母亲很难保证不会弄丢自己的孩子们（一般有 4~6 只），所以，一家子就会排起长队，就像当年的沙漠商队。

不过，园睡鼠全家排起纵队时，不会像白齿麝鼩那样采用后一只咬住前一只的尾巴根部的方式，因为如果这样，那么，所有园睡鼠尾巴上的皮毛都会被立刻拔光。

因此，每只园睡鼠都将两腿伸直，用前肢抓住前一只园睡鼠的背部。一家子相亲相爱地叠在一起，穿行于黑夜中，活像神话故事中阿尔卑斯山一带的塔佐蠕虫。

失眼再生

一条鲨鱼试图咬住一条身长 1.5 米的石斑鱼，它用尽全力向猎物咬去，来回晃动对方的头部。最终，那条鲨鱼就像用圆锯锯下了石斑鱼的脑袋：被咬着来回晃动的猎物瞬间被劈成两半，而这条石斑鱼的体内还插着一排坚硬的鱼叉。鲨鱼锋利的牙齿磕上了金属鱼叉，即刻 30 颗牙没了，它一无所获，离开了战场。

这是否意味着鲨鱼即将饿死了呢？绝对不会。因为它们脱落的牙齿都会重新长出，而且是在 24 小时之内——即便是高龄鲨鱼，也能做到这一点。

更确切地说，新牙会像折叠刀那样填补空缺。在每颗牙的后方都“仰卧”着一列备用牙，有 5~15 颗，均折叠于牙后。每个月鲨鱼都会长出一副全新的牙齿。即使没有咬到坚硬的铁块，它每天也会脱落两颗牙齿，但两颗新牙很快就会替补出场。

“一次性牙”可避免牙疼和龋齿问题——用牙大户鲨鱼的这一能力着实令人称奇！

非洲鳄的换牙过程就没这么顺利了。如果因为贪婪地撕咬而导致它的血盆大口里缺了颗牙，那么，非洲鳄就必须等一颗“小牙”重新长出了，就像人类在乳牙脱落后长出第二副牙齿。

但鳄鱼重新长牙要快得多，只需要 10 天，而且毫无痛感。另外，鳄鱼们换牙也不像人类有次数限制。只要牙齿掉了就能新长：60 次，甚至更多，而且，百岁鳄鱼仍能如此。

此外，大自然会用另一种方法帮助像海狸和老鼠这样的啮齿动物解决“咀嚼困难”的问题。它们的牙齿折断后不会由新牙代替，而会像我们长头发那样继续长长。

还有一种嘴里有着至少万颗牙齿的动物会使用第三种补牙方法。它咀嚼食物就像人类中的家庭主妇用厨具将卷心菜刨成丝。它的上万颗牙齿不长在颌骨上，而是长在舌头上。这种动物的舌头就像一条布满锯齿的传送带，舌尖上磨损了多少颗牙齿，就会有同等数量的替补牙齿朝头部方向生长。

什么？您不知道这个万牙怪物？不，您肯定知道！它就是盖罩大蜗牛。

相比牙齿再生，对许多动物而言，更重要的是断臂、断腿或其他肢体部位的重生，就像蜥蜴或者蝌蚪那样。

一位研究人员曾在水族箱中观察到，一条掠食性鲇鱼不断咬下蝌蚪的细腿。可没过几天，蝌蚪的腿又会重新长出。在另一位动物学家的记录中，一群蝌蚪的头部遭到了一条小型掠食性鱼的攻击，并因此失去了双眼。但不久之后，它们就重新长出了一对眼睛，重获光明。

1970 年，这项发现在动物学界造成了极大的轰动。在此之前，致力于动物身体部位再生研究的生物学家都认为，像眼睛这般复杂的感知器官绝对无可取代。可是，一旦有人开辟了通往科学新大陆的新道路，那么，其他研究者很快也得出了类似的结论。

研究者们甚至促使蝾螈进行了极为神奇的眼部再生长过程，这简直就是再生奇迹。科研人员利用显微镜将蝾螈眼睛上的一小部分植入其腹部的一个伤口中。两周后，这只蝾螈的腹部中央长出了一个完整的晶状体。但这只“眼睛”没有视力，因为它缺少感光器和视神经。

龙虾失去眼睛后能进行自然再生，这对其生存有着极为重要的意义。这位珊瑚住户有着长达 4 厘米的柄眼。相比普通眼睛，生长在动物颅骨中的柄眼更易受到损伤。如果丢失了一只柄眼，新眼就会在身披铠甲的龙虾下一次换壳前长出。

阿拉斯加沿岸曾上演过一件荒诞之事。美国威斯康星大学的几名博士生拿到一个看似相当无聊的毕业论文课题：他们需要检测在此生活的帝王蟹的大小和重量是否随着时间的推移而发生了改变，若有，为什么。调查结果显示：1954 年至 1963 年之间，帝王蟹的平均大小和重量一直都在明显下降。这背后必定发生了什么神秘的事情。不过，是什么呢？他们最终找到了答案。

生活在海边的居民捕捉帝王蟹，扯下腿当作美食材料拿到鱼市上贩卖，而将蟹身活着扔回海里。这种行为着实野蛮至极，可是，这些人会说："螃蟹是我们取之不尽的宝库！"

说来也怪，失去腿的螃蟹还能继续在海底爬行并获得食物。在它的铠甲下，八条腿迅速再生，这只螃蟹换壳比平时要早得多。新长出来的腿无论是在大小还是完美程度上都跟原腿一样——可是，帝王蟹又为此付出了什么代价呢？

在被人为扯掉腿的情况下，帝王蟹身上几乎所有的生长能力都集中于腿部，其他的肢体部分则无法继续长大。它们一直保持着瘦且小的状态。大自然赋予了帝王蟹一种奇妙的技能，它能以最快的速度长出丢失的八条腿，但这种技能并不能发挥很大的作用。因为新腿才刚长出来，它们就又会被渔民抓住，并被夺走蟹脚。

鱼类也拥有一种独一无二的再生能力。一条鲤鱼被梭子鱼咬掉了鱼鳃，扯破了鱼鳍，但这些部分也能完美再生。其前提是，至少得有一块因损伤失去的肢体部分地保留在鲤鱼身上，这部分是大是小无关紧要，只不过在肢体"重建"之前得有个"建设图纸"。

为了揭示自然界动物肢体再生的奥秘，让其为人类伤者所用，20 世纪 80 年代初，科学界开展了各项研究。其结果显示：再生能力与特定的初级生命形态紧密相连。动物体构造越简单，它们的肢体再生能力也就越强。

若将涡虫的头部切下，几天后新脑袋就连同嘴巴和眼睛一起长了出来。肢体再生界的世界纪录由水螅保持。若将这个身长 2 厘米的小动物切分成200个部分，那么，每段肢体都会变成一只完整的水螅。这就好比把一个人放进石磨，然后，就出现了200个与遇难者完全相同的个体。

能够通过残缺的肢体完成自我“繁殖”的奇妙生物在动物界只占少数，它们实际上是地球上最为原始的生命形态之一。

人类的肢体无法再生。这是我们为离开生命阶梯的最底层所付出的代价。

第五章

团结使弱者强大

猛狮难敌众瞪羚

在一个狭窄的山口处，英国科考旅行家戈登·卡明（Gordon Cumming）和 6 名手持枪支的布尔人（现称阿非利坎人）* 等待着跳羚的到来。经一名骑手报告，一大群跳羚即将经过此地。人们必须阻止它们前往牧场。

1843 年，卡明写道："在一个月黑风高的夜晚，我们听到了奇怪的响声。这声音就像汹涌的浪花，越来越响。天蒙蒙亮时，目之所及到处都是瞪羚，仿佛波澜壮阔的海洋。我想那时至少有 5 万只瞪羚。"

"当第一阵枪声响起时，意想不到的事情发生了。大群瞪羚不是开溜，而是加速，像潮水般向我们涌来。我们赶紧爬上一块陡峭的岩壁。那时，瞪羚群已经撞倒了我们的猎犬并踩扁了它们。接着，我们看见了异种的羚羊被卷入这场肆无忌惮的动物'雪崩'之中的过程：它们要么跟瞪羚一起奔跑，要么惨遭踩踏。我们还在大军中发现了斑马、角马，甚至还有一只长颈鹿。有一群羊也夹在中间跟

* 阿非利坎人以荷兰裔南非人为主。——译者注

着小跑。还有听起来简直不可思议的事：就连一头狮子也得为了活命而和本该是其猎物的动物们一起奔跑。这头狮子成为瞪羚们的‘囚徒’到底多久了呢？”

猛狮难敌众瞪羚！或者，我们还能引用德国文学家弗里德里希·席勒（Friedrich Schiller）的一句话："团结使弱者强大。"

这难道是一个极端的特例吗？绝不是！一群所谓的猎物齐心协力，抗敌自卫，一起向前挺进，以紧凑的队形向敌方攻去。这种情况在野外发生的频率要远高于在人类社会中。例如，野马就会以这种方式攻击它们遇上的一匹正在游荡的狼。下面，让我们一起来看一个例子。

克劳斯·策布（Klaus Zeeb）教授已观察生活在德国威斯特法伦地区迪尔门附近梅尔菲尔德布鲁赫的半野生马匹多年。牝马们和教授已相当熟悉。每日清晨马群都会跑向教授，轻触鼻尖，用马的方式向他问好。

可是，有一天，策布教授忽然有了关于研究的一个新想法。八匹马原本开心地将耳朵伸向前方，向教授靠近，可教授忽然四肢着地，像条狗似的向前运动。马群便如遭到了雷击，吓得向后倒退了20米。接着，它们又向前挪动，在那个"四条腿的家伙"周围围成半圈，试图威胁他。而当教授又向前跳了两步，那支骑兵队伍再一次地后退了。

不过，那个马群忽然间像达成了一致似的，认为面前的"敌人"不具备很大的危险性，便向前移动，靠近那"怪物"，并跺着脚恐吓他。策布教授突然害怕了起来，赶紧直起身子。可还没等他完全站起来，那些马的恐惧感就立刻烟消云散，随即也解除了威胁状态。

那些马又开心地向教授聚拢过来，对他充满着信任。

这个模仿四足动物的实验变得十分有名。野马内心天生就拥有其天敌狼的形象，教授用这种奇怪的模仿方式激起了野马内心中的恐惧。尽管用“四条腿”走路的教授看起来更像一只蹦蹦跳跳的大蟾蜍，但他的这个样子仍能唤起马这种奇蹄目动物天生的、植根于内心的敌害形象：一个四足大型动物，一边威胁一边逼近它们。

对敌害形象的反应是马难以控制的自然之力。而且，它们没有能力辨别出：这头“讨厌的狼”和它们信任的人类伙伴竟然是同一个个体。

在野外，动物们生来就对不常出现的敌害有着大概的印象，这对它们的生存当然有着重要的意义。如果要在天敌得手后才认识它们，这教训的意义就不大了。

厚道的奶牛也会做出类似的反应。1983 年夏天，我告诫一名路人不要带着他的西班牙猎犬在有栅栏的牧场旁奔跑。“这里根本没有牛，您难道看不见吗？”他固执地说道，并径直向前走去。

那时，他的爱犬已经吼叫着冲向了牛群。牛群被吓了一跳，围成半圈，把头低下，放下牛角，向猎犬冲去。这只西班牙猎犬突然紧张了起来，逃到了主人的两腿间，但依然歇斯底里地狂吠着。

牛群十分警觉，排成队慢慢地向他们靠近。现在，连狗主人也害怕了起来。紧要关头，他终于跑到了停在牧场边上的送奶车旁，爬上了车得以自救，也救了他的爱犬。经后续调查，我们了解到，这个人在车上等了足足 6 个小时，直到遇到了傍晚前来挤奶的牛主人。

同样，我们也不推荐主人们带着狗穿过有猪在泥塘里打滚的草场。几年前，康拉德·洛伦茨教授就犯了这样一个错误。其结果是：教授和他的爱犬为了自救爬到了一棵杨柳树上，一直等到夜幕降临，在猪的怨气转移到了“恶狼”身上后，他们才得以脱险。

一群鹅也曾围在一起，对付一只闯入院子的狐狸。它们从各个方向扑向狐狸，用喙啄它，用翅膀打它，直到它伤情严重，灰溜溜地逃走了。鹅啊，你们居然把狐狸给打得偷偷地跑了！

小型鸣禽通常生活在小家庭中，但当它们看见了附近的掠食性鸟类如一只猫头鹰时，它们甚至也会组织集体的抗议游行。山雀、燕雀、椋鸟和鸫科鸟类会集体大叫着绕着强壮的天敌飞行，烦到它飞走为止。这样，在至少接下来的几个小时中，危险警报解除了。

艾因哈德·贝策尔（Einhard Bezzel）和汉斯·勒歇尔两位博士研究了德国南部的田鸫是如何利用“憎恶反应”抗敌的。“憎恶反应”这个名字如实地反映出了鸟儿的心情，甚至有过之无不及。田鸫会向敌害投掷黏稠的粪便炸弹，直到它们飞不动了为止，这对敌方而言就意味着饿死。

有谁曾想到，小小的鸣禽竟能集体杀死大体形的秃鹰、猎鹰、苍鹰和猫头鹰！

已有一些例子证实：一群野生绵羊从一匹独狼身上压过，它们奔跑着的羊蹄踩扁了那匹狼。但这些野生绵羊在面对一群狼时就束手无策了，一小群羊会被一二十匹狼包抄，被杀得片甲不留。

类似地，狮子与非洲水牛间的战役同样也呈现出两极分化的局面：

三头母狮饥饿难耐。它们生活在邻近乞力马扎罗山的安博塞利国家公园之中，但它们已经有好几个星期没有在其领地上捕获一只猎物了。一日正午，地平线上浮现出了 20 头非洲水牛的轮廓。这群水牛慢悠悠地走向正躺在枯草地上的狮子，那里没有任何遮盖之物。当双方距离还剩 50 米时，一头狮子紧紧地趴在地上，匍匐向前。但这毫无意义，因为它仍旧像躺在托盘上那样明显。非洲水牛愤怒地向母狮挺进，它们中的一些公牛体重足有 1 600 千克，头上的犄角有一米宽。母狮跳起来，冲向牛群，几秒钟后，一头牛用力将这头母狮高举起来。第二头非洲水牛从空中接住了母狮，又一次将其抛上天空。在狮子摔落于地之前，水牛群重复了四次这个动作。然后，牛群从母狮身上踩过，直到它粉身碎骨，难以辨认。

在与天敌狮子对抗的过程中，牛科的非洲水牛展现出了条顿人*般的攻击性与战斗力，西班牙斗牛在它们面前就如同纸老虎。非洲水牛拥有极强且不断膨胀的复仇欲。它们是非洲强大的大型野生动物杀手，其“战绩”比所有狮子、猎豹、犀牛、鳄鱼和毒蛇加在一起的还要优异。

一头在灌木丛中被猎人射伤的水牛通常会快速地改变奔跑方向，让自己变成进攻者，像坦克般冲出灌木丛。

费尔海恩（R. Verheyen）教授曾提到，一次，在南非克鲁格国家公园，一头站在牛群边上的母牛遭遇了三头母狮的攻击。母牛立刻发出了濒死时尖锐的叫喊声。顷刻间，四头非洲水牛疾驰而来，一起冲向狮子，赶跑了对手。

非洲水牛拥有舍己为“牛”的奉献精神，做好了保护他者的准备。它们的复仇怨气也与之紧密相关，但这种奉献精神在动物世界

---

* 条顿人是古代日耳曼人中的一个分支，后世常以条顿人泛指日耳曼人及其后裔。——编者注

中却相当少见。

野外观测站多次报告，如果公牛们没能及时发动对抗狮子、营救伙伴的行动，它们就会举起死去的母牛。我们只在象群中见过这种行为。倘若所有的营救计划均以失败告终，全体水牛还会在事发地逗留数个小时，然后才会离开。

但在非洲的某些地区，狮子仍然是强大、完美的水牛猎手。它们的诀窍是：一头“专家狮”从前方攻击水牛，咬住它，将其拖倒在地。此时，受害水牛行动困难，慢慢缺氧。接着，两头母狮咬住水牛的角，控制住这一危险的武器。与此同时，另一头母狮则扑向了受害水牛的颈部。

不过，这种方法通常只适用于对付独行水牛，基本上也就是较年长的水牛。

如果狮群碰上了一大群非洲水牛，只要水牛们没有因害怕挨饿而惊慌失措，它们便会主动撤退。团结一致使非洲水牛变得强大，就连“草原之王”也为之颤抖。

睡时眨眼能延长寿命

在牛津泰晤士河僻静的上游处，30 只绿头鸭正成群结队地坐在岸边码头上。当猫靠近时，鸭群都正将喙藏进羽毛里沉睡着。正当猫屈身准备跳跃时，群鸭尖叫着挥动起翅膀，发出警报，逃离了码头。

熟睡中的鸟儿是如何及时发现敌人的呢？行为学家、来自诺丁汉大学的丹尼斯·莱德姆（Dennis Lendrem）博士用其英国式的细心探寻了究竟。

绿头鸭打瞌睡时每过 6 秒就会稍稍睁开一次眼睛，只要没有什么危险情况就会继续休息。所以它们可以一边睡觉，一边无意识地站岗放哨，不给敌人偷袭的机会。如果看到远处出现一只猫、一只狐狸或是一个人，它们睁眼的频率就会从每分钟 10 次提高到 20 次。若危险越发接近，每分钟的眨眼次数就会继续上升到 35 次。

如果情况变得更加危急，一只绿头鸭就会用几声低沉的叫声发出警报。所有鸭子便立刻睁眼，直勾勾地盯着敌人，但它们既不发声，也不抬头。正如脑电波所示，绿头鸭们正在从睡眠模式调整到清醒状态。

鸭群越庞大，每只鸭子睁眼的频率也就会越低。因为眼睛越多，观察到的情况也就越多，鸭群也相对更为安全。人们也在家鸽、银鸥、火烈鸟和凤头潜鸭群中发现了类似的现象。或许，这是鸟类世界中的一种普遍现象。

目前，令人不解的还有一个事实，那就是在交配期，熟睡中的雄鸭的睁眼频率要高于雌鸭。研究者不乏幽默感地提出了三种假设：

其一，“夜总会假说”：雄鸭可能期待遇见另一只雌鸭。它能嗅到出轨的机会吗？如果是这样，那么，经过它们水域的雌性越多，其睁眼频率也就会越高。而事实也确实如此。

其二，“吃醋假说”：雄鸭不仅要提防天敌，还得小心鸭群中的劲敌。因为如果它们没看护好自己的妻子，很可能就会出现第三者。若是如此，“婚后”的雄鸭就得比单身汉更频繁地睁眼。奇怪的是，这一假说也被观察结果印证。

其三，“美男子假说”：雄绿头鸭的羽色要远胜过雌绿头鸭。为了更好地在天敌面前伪装自己，雌鸭身着一件朴实无华的棕色工装服。可是雄鸭斑斓夺目的羽毛不仅对雌鸭充满了吸引力，同时也更容易招致祸害。雄鸭之所以要频繁地睁眼是因为它们感受到了美丽所带来的危险吗？

1983年夏，人们找到了第三种假说的证据。一旦绿头鸭“女士”开始孵蛋，它的丈夫就会离开它，但其仍会在周围捕食。然后，雄鸭回到祖传的栖息地，也就是本节开头提到的位于泰晤士河岸边的码头。

雄鸭一开始还在那里穿着五颜六色的婚服，但之后，它们就会进入换羽期，换上夏天的伪装服。换羽后的雄鸭外表几乎与雌鸭无异，从现在开始，它们睡觉时的睁眼次数也减少了，降到与雌鸭相仿的频率。

以上三种假设都得到了证实，这或许是因为它们在不同方面都有一定道理。

在危险靠近时，处于熟睡或无意识状态的动物会睁眼观察并渐渐醒来。无论如何这都是大自然的一种绝妙发明。它能让鸟类安然入睡，同时也有助于减少其落入他者腹中的危险。

勇气决定生死

翻过牧场栅栏的那个路人来自大城市，他根本无法分清一头公牛是否经过了阉割，而在那时一头种牛正在向他发起攻击。那个人被困在了铁丝网上，屁股还被牛角狠狠地顶了一下。他的裤子破了。但至少盛怒的公牛将他顶出了牧场，他安全了。

过了一会儿，公牛受惊了，看似正害怕地听着什么。它忽然愤怒地跑到草原的空地上，跳跃、摇晃、抖动身体，就像要甩掉一名牛仔似的——尽管四下无敌。在场的只有一种动物。原来，那头身强力壮的公牛因为一只小小的苍蝇即牛皮蝇而逃跑了。

这头公牛“勇敢”吗？它敢攻击人类，它做了大多数动物不敢为之事。而它却被一只苍蝇吓跑了，那我们是不是应该责骂它是个可怜的胆小鬼呢？

在危急时刻，动物可能会做出两种完全不同的反应——应战，或是逃跑。至于选择如何面对危险，不仅和战斗精神、勇气或怯懦有关，其实更与许多其他因素密切相连，下面我将一一举例说明。

看见手无寸铁的路人时，公牛清楚地知道它能轻松地战胜对方。所以它只是用自己的力量换取了一次成功，勇气在其中没有起到任何作用。

而遇到牛皮蝇时，公牛只是本能地感到害怕。昆虫的嗡嗡声令它产生了一种原始力量，让它像野人般乱蹦。牛皮蝇会在牛的皮肤上产卵，不久之后，幼虫就会在牛皮上打洞，钻进它的身体，并沿着神经纤维到达脊柱，最终导致牛虚弱、不适和易病。

公牛自然对这些因果关系一无所知。它只会不由自主地对苍蝇的嗡嗡声感到恐惧，就像观众害怕希区柯克电影中的恐怖效果，所以它要不停地活动，防止牛皮蝇在自己身上产卵。

公牛的这一行为充其量是有目的性的，但绝不是因为怯懦！它们如果在此时表现出了英勇无惧的态度，那么，无异于愚蠢行为甚至是自杀。

不过，动物并不会在每次遇险时都感到恐惧。它们会精准地分析抵抗进攻或逃跑的必要性，权衡输赢的机会与所需的努力。

长颈鹿一般都做好了随时逃跑的准备，但如果它带着孩子，那么，它甚至有勇气攻击一头狮子，用力大无穷的蹄子踩断狮子的肋骨。而猫则会以龙卷风般的速度进攻一条正在靠近其幼崽的大狗。“母亲”往往会从胆怯的动物变成令人敬佩的“女英雄”。

可是，它们只会在真正值得自己拼命的时候才这么做。一条雌鲤鱼绝不会为了保护一颗卵而置自己的生命于不顾。它一生会产 40 次卵，每次的产卵数都是成百上千。同样，绵羊母亲没有必要为了保护一个孩子而将自己送到狼的面前，因为其他羊都不会领养陌生的羊羔。失去母亲的幼崽们必将死去，所以自我牺牲毫无意义。因此，在这些种群中，也就不存在英雄气概了。

在自然界中并不存在没有意义的勇敢。若按照人的标准，几乎所有动物都会因敌前怯弱而遭到军事法庭的审判，甚至包括人们口中的敢死之“狮”。

章鱼妈妈的表现则是另一种极端。一生中，它们只有一次获得后代的机会，一旦孩子破卵而出它们就会死去。章鱼一次可产下 15 万颗卵，如果天敌一下子将其全部剿灭，那么，这些章鱼的生命也就失去了意义。大自然中，生命的价值总是与其能否成功繁育后代有关。所以，章鱼母亲只能采取自杀式的行为，毅然决然地抗敌护子，直至生命的最后一刻。

可这真的是我们所说的英雄气概吗？认知因果关系、清醒地与本能的恐惧做斗争以及对生命的意义与价值进行“哲学思考”，这些对英雄气概都至关重要，可在动物行为中这些都缺失了。动物的奉献精神说白了是因为它们的神经系统中的逃跑性信号为零，而攻击性信号却达到了极高的水平。就像蚂蚁或白蚁王国中的兵蚁，它们在危险的位置放哨、抵抗，甘愿为集体奉献出自己的生命。

这一切都是激素造成的。可奇怪的是，科学家仅凭向动物体内注射激素针剂既能唤起它们的“勇气”，也能使其产生“懦弱”。

一“针”雄激素就足以让狼群、猴群和蜥蜴家族中排位第二的家伙有勇气逼宫，挑战首领的权威。

美国亚特兰大埃默里大学的生物化学家甚至在人体上完成了类似的研究。在他们给一名性格勇敢的学生注射了会引发恐惧感的激素后，他甚至会变得不敢独自上街。而另一种注射剂则会产生完全相反的效果，因为这种药剂会在人类和动物体内阻碍恐惧激素的产生。在之后的几天里，被试会变得几乎无所畏惧。

有人怀疑这种药剂会被用于战役，将士兵打造成“英雄”。但从逻辑上来说，这种英雄很快就会战死。因为这极不可靠，它与乐观主义者的莽撞、无畏类似，这种人在险境中盲目自信，认为“一切都会好的”，最终为此心力交瘁。

在整个动物界，类似的情况绝无仅有，因为如果动物们完全抑制自己与生俱来的恐惧感的话，那么，它们早就都灭绝了。和人类一样，动物和动物身上的“真勇敢”也截然不同，这和基因、当时的具体情况以及面对绝望的勇气等因素有关。

英国科学家珍·古道尔博士向我们讲述了一个有关生活在东非贡贝自然保护区内的青潘猿的典型案例。

一个叫迈克的青潘猿是猿群中典型的弱者，但它用一个伎俩将群落统治权夺了过来，它现在要做的就是对抗群体中那些满心嫉妒的强者。

有一天，迈克故意粗鲁地撞了一位爷爷辈的青潘猿，后者马上就去寻求它的“巨人”朋友即上一任首领的保护。另外三个青潘猿很快也嗅到了机会。五个青潘猿一起向迈克走去。迈克逃到了一棵高高的树上，而对手们也一一上了树。忽然间，迈克跳到了前锋敌手的头上，将它推了下去。后面的反对者也都遭到了同样的厄运。

勇气、智谋和毅力帮助迈克战胜了相当于它5倍的力量，带来了胜利的荣光。其他青潘猿大为震惊，在接下来的5年中，都心甘情愿地臣服于迈克。

另一个故事的主角是雌狒狒图拉。狒狒群在饮水处遇到了一头母狮，并在危急时刻逃离上树。可一只小狒狒的逃生之路遭到阻断。暂时安全的狒狒群厉声尖叫，在树枝上沸腾了起来，并试图用树枝攻击母狮。就在此时，图拉飞奔下树，还没等母狮反应过来，就以迅雷不及掩耳之势抱起了哭泣着的小狒狒，并带着它跳回了树上。

卡富埃国家公园的负责人诺曼·卡尔（Norman Carr）观察到了这个惊心动魄的场景，其中最令人惊讶的是，图拉根本就不是小狒狒的生母。那图拉究竟为什么要冒死救助一个非亲生的孩子呢？它其实在展现自己乐于援助同伴、敢于冒险的精神，试图借此机会提高自己在群体中的声望与地位。

青潘猿迈克是自私地想要提高自己的地位，这种想法催生出了它对抗同族的英雄事迹。同样的气概也展现在了狒狒图拉身上，但激发它的却是无私、奉献的精神，针对的也是外族。

自私自利与为集体做出贡献是两种截然不同的态度，但它们却都能让动物们在危急时刻展现出最大的勇气，这绝非偶然。

夫妻档比单身族更长寿

胡狼朱维莉亚已经在东非草原上游荡了超过两个小时，但它却一无所获。它开始渐渐地着急起来，因为在地洞里还有四只狼崽在嗷嗷待哺。此时，它看到有只秃鹰落在了 500 米远的地方。秃鹰一定是发现了什么吃的。

朱维莉亚以 55 千米 / 小时的最快速度奔跑，没过 1 分钟就来到了秃鹰发现的腐肉旁。但可惜只有一具小尸体，它必须马上将其拿下。

胡狼四腿同时腾空，180 度旋转，用后肢给了秃鹰猛的一击。秃鹰连翻了两个跟头。这种所谓的身体猛击是胡狼攻击的一个诀窍，能在不将自己置于险境的情况下将对手踢到一边。

朱维莉亚敏捷地扑向猎物，叼起肉就往回跑。但在离胡狼洞口几百米的地方，它忽然听到空中传来了响声。一只体形较小的草原雕紧紧地抓住了它的背。尽管这只偷盗成性的掠食性猛禽无法置胡狼于死地，但它却可借此迫使胡狼松开猎物，给自己以可乘之机。

被草原雕啄了七下之后，朱维莉亚最终松开了食物。可另一只胡狼却在草原雕得手之前冲了出来，抢走了猎物。那是贾森，朱维莉亚的丈夫。它在洞里观察到了这次突袭，赶忙前来援救。

可当胡狼夫妇回到洞中时，它们惊呆了。一只鬣狗正冲着狼崽们在猛挖狼窝。这只鬣狗足有胡狼的 8 倍重，而此时，它只有身体的后部还露在洞外。

贾森马上放下食物，向鬣狗扑去，咬住了对方的臀部。鬣狗怒发冲冠，展开反击。可朱维莉亚在同一时间从另一侧发起进攻，咬住了鬣狗的前肢。鬣狗疼得狂吠，转了个圈，试图攻击朱维莉亚，但那时贾森又控制住了它的前肢。

就这样一来一去几个回合之后，鬣狗为了保护前肢只能蹲了下来，并以这种不太光彩的姿势撤退了。

胡狼夫妇超强的反应能力和完美的配合让它们得以击败体形上具有压倒性优势的敌人。

团结使弱者强大——这句话也同样适用于夫妻档!

动物摄影师雨果·范拉维克（Hugo van Lawick）有一次还看到了胡狼贾森狮口夺食的场景。那头狮子刚刚猎杀了一匹斑马，而贾森想直接从狮子的前爪下偷走一大块肉。当时，雌胡狼从另一侧靠近狮子，吸引它的注意力。狮子勃然大怒，大吼着站起身来，准备用爪子攻击朱维莉亚。就在那时，贾森叼起了肉块，扭头就跑。不用多说，之后，贾森在洞中与妻子公平地分享了作为战利品的美食。

只要有配偶在身边，攻击毒蛇对胡狼来说同样不成问题。夫妻档同样分工合作：贾森负责激怒毒蛇，看起来完全是在等着被毒牙教训。但贾森知道，它能飞快地逃走，接下来要发生的事情出人意料：蛇头在胡狼面前快速移动，就在贾森跳到一旁的那个瞬间，它的妻子会从蛇的脑后发起攻击，结束对手的生命。

“鲜蛇”几乎每天都会出现在胡狼的菜单上——只要夫妻俩齐心协力。

夫妻档的作用在紧急时刻尤为凸显。当单身汉缺少食物难以为继之时，胡狼夫妇却总能找到营养美食：毕竟四只眼睛能比两只眼睛看到更多的东西，而且，无论在进攻还是防御时总有同盟相伴左右。

在对胡狼进行了3年的观察后，雨果·范拉维克总结道："已婚"的胡狼能比"单身者"猎获更多食物，也能更好地防御危机。相比起来，前者的生活更美好、更安全，它们的体形更大、体能更好，平均寿命也比后者多三四年。

在观察灰雁时，康拉德·洛伦茨教授也发现了相似的情况。

挤满了鸟的繁育基地会在每年春天迎来盛大的"青年"鸟相亲大会。那里的盛况其实类似于课间的操场。强壮些的雄雁会欺负弱小一些的雄雁，希望借此给单身雌雁留下深刻的印象。

但这么做通常毫无成效。雌雁其实对无理取闹的"老粗"深感厌恶，很快就会选择与虽然相对弱些但自己看着顺眼的"小伙儿"交配。

从交配的那一刻起，它们的生活状况就发生了变化。自那时起，雁夫妻双方不仅会随时随地忠诚于对方，而且还会彼此扶持。有一次，它们竟然联合起来以压倒性的优势战胜了一个野蛮的家伙。自从夫妻俩将其痛打了一顿，它们便再也无须担心受到欺负了。

三趾鸥夫妻关系的优势则更为明显。这种鸟成百上千地聚集在北大西洋岛屿的峭壁上孵化。英国鸟类学家约翰·库尔森（John Coulson）教授曾用11年的时间研究其一夫一妻制的优缺点。

据称，其优点首先体现在栖息地点上。只有已婚的夫妻鸥才能在悬崖峭壁上拥有固定的居所。一方看家，另一方飞去捕鱼。单身三趾鸥每次都要换地方，而且其环境通常不佳。

没有良好的栖息地点就意味着它们无法拥有好的着陆条件和空气涡流条件。每当飓风用风雨冰雹拍打峭壁，这些三趾鸥的每一次着陆就都充满了危险。数以万计的三趾鸥被拍到岩壁上，死后被汹涌的浪花吞食——单身汉的“交通事故”受害率是成对鸥的 4 倍。所以结了婚的三趾鸥能活得更久。

另外，有一些三趾鸥难以适应婚姻生活。它们找的配偶不合适，夫妻间经常发生冲突，也很难成功地将孩子抚养长大，因为雏鸟常常会在夫妻的冲突与喙啄间死去或遭到忽视。

出现这些问题的“家长们”很快就会离婚，并在次年重新择偶，但不久又会重蹈覆辙。类似的情况循环往复，让它们渐渐精疲力竭。

而其他那些每年与固定对象交配的三趾鸥则相处融洽、生活幸福，但为了哺育雏鸟，为孩子提供温暖与保护，最重要的还有喂饱它们，夫妻鸥其实承担了更大的工作量。但显然，这也好过在一段爱恨交加的关系中不停地争吵。

令人惊讶的是，婚姻和睦的野生三趾鸥夫妇最多能活 26 年，而喜欢斗嘴的同类却很少能活过 8 岁。

第六章

动物们何时会出轨？

椋鸟活像电影明星

一位知名女影星曾将男人比作椋鸟，因为他们的婚姻生活就像这种鸟一样。行为学家也持有相同的观点。一只雌椋鸟有一个极为形象的名字："风月夫人"。6年间，它就与至少5只雄鸟6次步入了婚姻的殿堂。它的故事就好似低俗长篇言情小说的选段。动物学家弗里德里希-威尔海姆·默克尔（Friedrich-Wilhelm Merkel）教授将这些混乱的两性关系都用科学、缜密的方式记录了下来。

1974年年初，风月夫人完全没意识到生活即将向它露出残酷的一面。默克尔教授在德国奥伯乌尔泽尔市有一个院子，在那里的16个巢箱中，自由地生活着一群椋鸟。这只年轻的雌椋鸟就是其中之一。

2月4日，名为阿风的雄椋鸟结束了为期102天的冬旅，从西班牙返航回到了故乡，它与风月夫人快速地坠入了爱河。4月20日，5只雏鸟破壳而出。但9天后，阿风死在了邻院里，这只高龄椋鸟焦急地为孩子们寻找食物，最终精疲力竭，断了气。现在，风月夫人独自挑起了照顾孩子的全部重担，成日忙里忙外。但它其实难以为继，最后只有一个孩子存活了下来。

所以，在次年春天，风月夫人“嫁”给了一只名叫左青的年轻雄鸟。巢箱里很快又多了5个小成员。可是，9天后，少不更事的左青在躲避天敌时死在了一只秃鹰的爪下。风月夫人再一次独守幼子，可其中的4个孩子因饥饿而死，它却无能力。

因此，它在同年9月就勾搭上了正值壮年的雄鸟蒂托。可是，蒂托在1976年1月15日有了新欢，将风月夫人晾在了一旁。

这让风月夫人暴跳如雷，并决定以暴力的方式破坏另一对椋鸟夫妻的婚姻。它将与雄鸟阿蓝结合的阿黄痛打了一小时，将其赶出了巢箱。可风月夫人本该想到，阿蓝没有像其他椋鸟那样观战，而是飞走了……并在屋后与贝尔塔约会。

贝尔塔备受鼓舞，第二天就出现在巢箱里，为了自己的幸福要赶走风月夫人。

风月夫人本想回到自己的老巢箱里去，但那里已经住了一对夫妇。此时，它在巢箱旁边发现了一只独处的雄鸟。这只雄椋鸟四处求偶，也极具模仿天赋（它能模仿母鸡下蛋时的咯咯声、乌鸫的歌声、黄鹂的哨声以及公鸡的求偶声！），也因此被认为是花花公子。

风月夫人终于找到了自己的合意伴侣。它们顺利地将5个孩子抚养长大。

风月夫人希望在来年即1977年能维持住这段婚姻，它们二位也已积极地开始搭建鸟巢。可是，雄鸟阿东出现了，它赶走了花花公子。椋鸟们其实根本不知道自己是更爱配偶还是更爱住所。风月夫人决定，无论如何都要保住鸟巢这一不动产，因而与阿东结为夫妇。

一开始，这桩婚姻展现出了出乎意料的和谐。它们不仅带大了6个孩子，还马上步入了第二次哺育期。4个小家伙出生了。可在那个时候，风月夫人和阿东出现矛盾，4 只雏鸟都夭折了。

1977 年与 1978 年间的冬天，新的骚乱初现端倪。风月夫人和花花公子有一个年仅一岁半的孩子，因为它十分好斗，所以就叫它马尔斯*吧。它强占了相邻的 4 个巢箱，将原本生活在其中的椋鸟都赶了出去。

但当春天来临时，雌鸟们突然又出现了。第一个抵达的是风月夫人，马尔斯的母亲。接着，彼得拉和格林也分别在左右两侧安营扎寨。如果一只雄鸟占领了多个巢箱，单偶婚就会变成一夫两妻或是三妻。

马尔斯最爱的雌椋鸟是它的母亲，这早在少年破壳而出时就注定了。马尔斯只帮它的风月夫人养育雏鸟，所以，它们的 4 个孩子都顺利长大了，而边上两位姨太太都分别只养活了一个孩子。

然而，风月夫人显然不满意这样一夫三妻的状态。因为一年后，也就是在 1979 年，它又离开了马尔斯，重新回到了阿东的身边。在吵架离婚之前，风月夫人和阿东一起生活了两年。现在它们又重归于好，带大了 6 个孩子。这就是风月夫人目前的状况。

椋鸟的婚姻关系能给言情小说提供丰富的素材。默克尔教授还追踪了另外 12 只雌椋鸟的生活。这种类似于“抢椅子”的游戏在椋鸟群中看上去十分流行。研究者将其称为“有多偶婚倾向的季节性单偶婚”。每到春天，所有的椋鸟几乎都会定期地更换伴侣。

雌鸟萨拉是最为忠诚的椋鸟。4 年间，它生育了 7 次，却“只”换了两任丈夫。

---

* 马尔斯是罗马神话中的战神。——译者注

处于产卵期的椋鸟必须有一个固定配偶，否则许多孩子都得饿死。年纪过大或过小、缺乏生活经验的另一半显然不受欢迎。此外，雌雄椋鸟在更换配偶时都相当随性。

出轨的九个理由

冬日，夫妻双方都踏上了各自的迁徙旅途。当雌鸟重新回到老巢时，它看到的不是自己的丈夫，而是一只破门而入的鸟。雌鸟毫不犹豫地与它“结婚”了。

8 天后，它的前夫从非洲归来。当雄鸟痛打第三者时，雌鸟却事不关己地站在一旁，也不向任何一方提供帮助。后来，前夫在隔壁闲置的鸟巢里安顿了下来，并一直呼唤着它的前妻。可这只雌鸟却仍选择和插足者生活在一起。

这样不忠的故事年复一年地周而复始、层出不穷。在鹳科、云雀属以及其他一些鸟群中都会出现这种情况。其原因在于，相比从前的伴侣，这些鸟儿更喜欢从前的巢穴。正如动物学家所说，它们其实是在和住所“结婚”。

对住所的爱只是动物们“离婚”的众多原因之一。此外还有八个因素，例如配偶变丑了。

在荷兰的泰瑟尔岛上有一对蛎鹬夫妇，它们已经在一起生活了 26 年。在换羽期的某一天里，一根脱落的羽毛粘在了雌鸟头上，让它看起来活像个印第安酋长。仅因为这个新“发型”，雄鹬就足以将它的妻子赶出“家门”，自己再去找一个新对象了。

即使是在人类的夫妻伴侣间，新发型也有可能让对方受到惊吓并导致好感值不断下降。

不过，不同的动物对待肢体残缺的态度也大相径庭。如果一只鸟失去了一条腿，那么，对它而言，这绝不等同于一次“腿部骨折”。它的单脚跳能力和双脚跳一样好。但对其配偶来说，尤其是鸻科动物，这完全可以成为一个离婚的理由。

对此，雕鸮的态度则截然不同。1978 年，有一只雌性雕鸮在保加利亚林区中折断了翅膀。但它的丈夫却还同往常那样忠诚于它，并在后来的 6 周里像照顾孩子似的给它找来丰盛的食物，直到雌鸟学会了步行觅食法。看来，在动物之间也闪烁着“人性的光辉”。

另一个使动物婚姻破裂的原因是财富水平。例如：冬鷦鷯先生在食物短缺的那几年里堪称一夫一妻制的典范，可到了生活富足的时候，它的后院里就有多个鸟巢和为它产卵孵蛋的雌冬鷦鷯。

富足为偷情创造了机会。充足的食物为鸟类创造了再次求婚和出轨的自由。雄冬鷦鷯并不会对雌冬鷦鷯负责，因为它们有个传统：只有母亲才需要负责孩子的饮食、看护和养育工作。

奥地利维也纳大学的奥托·柯尼希（Otto Koenig）教授是维也纳威尔海姆伯格生物学研究所的主任，多年前，他打造了一个生活着 30 只牛背鹭的地上天堂，那里有着吃不完的食物。可是，那里最终却变成了地狱。牛背鹭原本严格奉行一夫一妻制，但在那里，这种鹭的社会却变成了一个混乱至极的乱伦社会。在那里，女儿与父亲交配，儿子与母亲、祖母结合，兄弟姐妹互相苟合，家庭成员与邻居通婚。雌牛背鹭毫无节制地进行着集体交配。

特别是，牛背鹭无止无休的性生活却没有打造出一个充满仁慈与博爱的世界，这里反倒充斥着强奸事件、无尽的恐惧、血腥的争斗以及幼子谋杀案。最终，这些性生活混乱的动物的背羽几乎全部脱落，其他部位的羽毛也被弄乱、弄脏，还沾染上了血迹。研究者将这一现象称为“**富裕后的堕落**”。

如果种群间长期处于和平状态，那么，这种状态也会造成和挥霍无度的富裕生活一样糟糕的影响。这让我们想起了诺贝尔奖得主康拉德·洛伦茨教授的几个实验。每当他在一个大水池中放入几对慈鲷后，它们的生活都一切正常。那些极具攻击性的雄慈鲷每天都会凶猛地发起几次领土之战，但并不会造成任何伤害。除此之外，几对慈鲷的夫妻生活都十分恩爱和谐，彼此和睦共处。

可是一旦原为“敌人”的“坏”邻居走远、和平时期到来了，雄慈鲷就会无缘无故地对自己从前深爱的妻子发脾气，就好像得让雌慈鲷敬畏自己似的。如果教授不赶紧把“坏”邻居放回水池中以转移雄慈鲷的战斗欲，那么，这位慈鲷先生还会继续殴打自己的妻子。

人类的行为则常常相反。如果男方在工作中遇到了不顺心的事情，那么，在晚上回家后，（在外敌仍然存在的情况下）他常常会把怒气撒在无辜的妻子身上。

如果配偶变得毫无用处，如年纪过大，在动物界，也同样会导致离婚。

例如：狼不会因为个体的喜好与感情而“结婚”。它们的婚姻关系更多受到地位因素的支配。在狼群中，雄性和雌性会分别决出地位的高低。只有双方中的最强者才能彼此结合，而其他的狼都只能作为狩猎和育儿的助手，不准交配，就连相互配对都不被允许。

这种“理性的婚姻”状态可维持多年。随着年龄的增长，首领能用狩猎经验与领导狼群的能力弥补体能上显现的不足。毕竟它知晓各种技巧与诀窍。

可是，有朝一日，当它变得慵懒无力、笨拙迟钝，其他的狼便难以继续忍受它的首领和“已婚”身份。然而，并不是狼群中的老二发动战争迫使它下台，而是它遭到了仍旧健硕的妻子的驱赶。最后，那个老二公狼就会成为这只母狼的新配偶、狼群的新首领。

类人猿中的长臂猿和合趾猿将这种婚姻形式表现到了极致，以至于呈现出了一种所谓“拉链式”婚姻的特点。

在中南半岛（印度支那半岛）的原始森林里，夫妻双方都牢牢地看住对方，多年来都不曾让配偶离开自己的视线半步。因而也彻底切断了外遇、出轨、通奸行为的可能性。

可是，如果有一方出于年龄因素失去了生育能力，那么，作为祖父或祖母的它就将被晾在一旁。尽管它不会像老狼那样遭到驱赶，可以继续留在家中并保留它的生活权利，直至老死，但从此以后，与它生活在一起的伴侣就会开始寻找更年轻的配偶……直到它这以前的伴侣也步入老年期，并因此而遭到替换。类人猿们的拉链式婚姻模式就这样永无止境地进行着。

至于无后是不是动物界的离婚原因之一，学者们至今争论不休。一方认为：那些没有后代但有长期单偶婚传统的动物可能在第一次孵化期结束后就分道扬镳了。有关三趾鸥的研究验证了这种观点。

另一种看法则认为：我们无法想象动物明白交配与生子间的因果关系，所以，不育和离婚很有可能都出于同一种原因，即个体难以忍受这段婚姻关系。

在十余年中，约翰·库尔森教授在一大片海鸥栖息地内做了详细的研究记录：彼此不忠的鸟儿早先并未得子，因为它们一直争吵不休。长期的婚内矛盾通常发生在春末才找到配偶的夫妇之间。在极度混乱的情况下它们可能没有找到适合自己的另一半，它们所做出的妥协在很多时候（不是所有时候！）并不能撑起负担满满的夫妻生活。

动物对婚后矛盾的反应比人类更为敏感。精神上的压力会导致许多雌性患上不孕的疾病。它们的卵巢萎缩，胚胎重新溶解为体液，所以在一些不幸的家庭中根本就没有孩子降生于世。不过，即便孩子出世，它们在口角不断的父母身边也无法存活。

东亚树鼩的长相与松鼠极为相似，只有在幼崽降生后，树鼩夫妻间才会产生矛盾。雌树鼩常常会因此做出一些轻率的举动：争吵过后，它会接二连三地吃掉自己所有的孩子。鹳科动物也会有类似的行为。

宽尾拟八哥是一种在美洲极为常见的八哥，它们常常在人口密集的区域安营扎寨，稍显温顺。宽尾拟八哥有个传统，也就是将所有的繁育重担都压在雌鸟肩上：这就为雄鸟创造了宝贵的机会，使它得以时不时地离开鸟鸣鼎沸的栖息地，在它妻子看不到的地方与一位未婚“女士”上演一段婚外情。

但与冬鹪鹩不同，宽尾拟八哥母亲必须在雏鸟破壳后得到丈夫的帮助。亲鸟需要为雏鸟提供温暖、保护，还有充足的食物。雌鸟无法独自完成这些任务，所以，它必须试着在各种情况下重新赢回它那不忠的丈夫。一个有趣的小窍门让雌鸟在大多数情况下都能如愿以偿：在刚刚开始孵蛋时，雌鸟就用温顺、诱人的动作重新搭建略显凌乱的鸟巢，并用上各种艺术方法。

对大多数鸟类而言，没有什么比鸟巢更能唤起它们的性欲了。可以说，这就是动物界的“色情杂志”。雄鸟似乎回忆起了与雌鸟曾经共度的美好时光，因而总会赶忙回到雌鸟身边。

现在，鸟巢里孩子们的目光与它们可爱的叽喳声唤起了鸟先生的父爱，并让它在未来的日子里都全心全意地待在妻子的身边。

孩子是一种伟大的婚姻黏合剂，它们在动物世界中起到了极为重要的作用。

有预谋的出轨

无数的动物都拥有一夫一妻制传统，一生忠于配偶，因为这么做对它们的孩子最为有益。为此，雌雄双方都得彼此磨合、和谐共处。可是，鸟类可能根本没有足够的机会找到适合自己的另一半。在找到真命天子或真命天女之前，它们就得草草完婚了——我们在非洲黑鸭的族群中发现了这一现象，它们是绿头鸭的近亲。

年轻的雌鸭莉迪娅刚刚“成年”，正面临着找不到对象的烦恼。它在南非开普省的艾尔斯迪河边来回飞行多日，可每当它遇见一只雄鸭，对方不是结婚了，就是一个没有繁育领地的单身汉。如果雄非洲黑鸭没有占领河边的一块区域作为繁育地，那么，在作为结婚的候选对象时，它就会缺乏吸引力——至少在最初的阶段是如此。

莉迪娅沿河飞行，只要它在哪里的逗留时间过长，它立刻就会被发现并遭到驱赶。不过，驱赶它的并不只是定居在此的雌黑鸭，而且还有雄黑鸭：情况看似十分无望，现在只有两种方法能助其摆脱困境。南非约翰内斯堡大学的弗雷德·麦金尼（Fred McKinney）

教授对此展开了研究。

莉迪娅会先弄清，占有领地的一对或多对非洲黑鸭的夫妻关系是否稳定。对第三者而言，介入关系脆弱的婚姻的成功率最高。

如何在鸭群中检验婚姻的忠诚度与稳定性呢？莉迪娅在飞过一片陌生夫妇的领区时会努力展示自己。领主很快就会发现这个流浪者，并双双对其发起攻击。接下来的关键是：莉迪娅要灵巧地在敌营上空急转许多个弯，致使追逐方的一名成员会因过度疲惫而放弃追赶。值得注意的是，大多数时候先放弃的都是雄鸭！

密不可分的小两口会因这次军演而分散。如果另一位追逐者也放弃了追捕，那么，莉迪娅就会躲在安全地带静观其变。如果夫妻双方感情甚好，那么，二者很快就会回到战斗的起点处相聚；婚姻状况越差的夫妻，分开的时间也就越长。

有一次，莉迪娅发现了一对感情不佳的夫妻。结束追捕过后至少 4 个小时，它们都没有表现出要再见面的意思，所以，莉迪娅立刻下手。但那只雌鸭很快就意识到发生了什么，并试图仅凭“女人的武器”就维持住自己与丈夫间的关系。从那时起，这只雌非洲黑鸭每天都比它丈夫起得早，以确保对方不会偷偷溜走与莉迪娅见面。

雌鸭在雄鸭身边寸步不离。万一丈夫离开一会儿，雌鸭就会边叫边飞，直至找回丈夫。重逢后最重要的亲近方法便是雌鸭邀请雄鸭交配了。简而言之，莉迪娅得手的机会随着时间的流逝越发渺茫。它最后放弃了。

既然如此，莉迪娅就得使出二号撒手锏了：它要抢占地盘。可是，它能以一敌二吗？因此，它只能寻求他者的帮助。它与一只同样无家可归、四处游荡的单身年轻雄鸭结盟。没错，为了抢占领土，非洲黑鸭会拥有一段短暂的、交换目的性极强的婚姻，二者的夫妻关系可随时终止。用麦金尼教授的话来说，就是一次“勾结”。

莉迪娅别无选择，只能与雄鸭奥斯卡结盟，它们重新寻找一对拥有领地的配偶。对方的婚姻若亮起了红灯，莉迪娅就会狠狠出手。正当奥斯卡与雄鸭大打出手之时，莉迪娅就趁机以诀别的姿态赶走了这里的女主人。

雌性间的战斗结束后，莉迪娅本可以轻而易举地支援奥斯卡，但它却在一旁观战，观察另一只雄鸭是否能成为它能干的丈夫。

在这样的冲突中，鸭子的关系持续被重新洗牌。身为侵略者的夫妇可能会将领地上原来的主人双双赶走，进而取代它们的位置。但莉迪娅也可能选择另一只雄鸭，对奥斯卡忘恩负义、以怨报德；而奥斯卡也可能突然与原来的领地“女主人”擦出火花，将莉迪娅和另一只雄鸭通通赶走。

对非洲黑鸭来说，这就是一场有预谋的出轨，这是该物种典型的行为方式。

问题是，它们为什么会这样？它们的近亲绿头鸭就绝非如此。每到 11 月、12 月它们便集体求偶。为了在“女士选择”中脱颖而出，众多雄鸭必须在雌鸭面前整齐起舞。从那时起一直到孵化期，它们都会忠于对方。

可是，非洲黑鸭的生活区域极其有限。只有水底布满石头的潜水岸边才是唯一适合它们生活的地带。一块通过战斗得来的地产得用一整年的时间去守护它。所以，非洲黑鸭没有机会举办集体求婚仪式。因此可以说，一方水土养一方“人”。环境会改变动物的性格以及它们的婚姻模式。

可怜的“皇上”！

当2 000头雌海狮出现在位于白令海上的普里比洛夫群岛边时，就连最身强力壮的雄海狮都纷纷在岸边占领一块地盘。但它们绝不会像海狗那样集体抢亲，而是选择用自己重达两吨的身躯去震慑来访者，并发出重低音的吼叫声：在那里，雄海狮其实是一件件展品，供尚未做出择偶选择的雌海狮观赏。

雄海狮的体重是雌海狮的两倍，这个庞然大物在雌海狮面前表现出来的任何粗鲁举动都可能让雌海狮从它的后宫中逃离。所以，雄海狮都表现得很温顺，而雌海狮的要求也越来越高。

雌海狮并不愿意像雌海象那样进行一场无爱的、“传送带”式的交配活动。如果没有花上一整天绕着雌海狮打转，并使出浑身解数吸引对方，雄海狮就绝不可能直接“压到”嫔妃们的身上。

雄海狮的这个仪式会带来一个优点，能换来“女人们”的忠诚——至少暂时如此。因此，雄海狮不必一直提心吊胆，害怕身边的竞争对手冲到自己的后院，带着它的爱妃们偷偷跑去海里沐浴、交配了。

在一个半小时的“婚礼”结束后，海狮夫妇的感情会迅速降温。雄海狮很快就在漂浮的状态下沉沉地睡着了。可它充其量只能睡15分钟。不一会儿就会有雌海狮粗鲁地将其叫醒，另一个嫔妃也要求行使自己的交配权。在接下来的几周时间里，雄海狮都将十分疲惫，且没有机会觅食，这也将导致它的体重不断下降。最后，它甚至会在交配的过程中打起瞌睡来。

这不仅会让交配中的雌海狮大感失望，发出愤怒的吼声，整个后宫中很快也会响起抗议雄海狮不佳表现的声音。与此同时，雌海狮也释放了一个信号，希望在年轻力壮的雄性候选团中马上再站出一位强者，赢得战斗，接管先皇的后宫。“后妃”们每过一段时间就会更换“皇帝”，后宫在很短的时间内就可耗尽一个“皇帝”。

在尼罗鳄的爱情生活中，还增加了站岗放哨一职，这增大了出轨的阻碍。当嫔妃们在水边慵懒地晒着太阳时，它们的最高统治者则在此地来回巡视。一旦有未婚雄鳄试图靠近它的爱妃，它便会向入侵者发出警告：游向对手，用鼻孔一边发出响声一边溅起水花，就好像试图喷射龙之火焰。

如果入侵者无视警告，那么，领地防御者便会立刻张开血盆大口，发出雷鸣般的怒吼，并以最快的速度冲向敌方。不过，如果对方逃跑，溅起水花并快速撤上岸，或将脆弱的颈部扭向统治者以示投降，它便会得到饶恕。

但若单身汉的撤退速度不够快，后宫的拥有者就会咬住它的尾巴，将其用力甩在地上，令它四脚朝天。后生鳄只能任由年老、机智的尼罗鳄摆布，因为任何纠缠撕咬都将给双方造成极其不利的后果。

假如双方彼此紧咬，并用强大的尾巴鞭打或缠住对方，那么，它们之间的争雌之战就会给十几只未婚雄鳄创造下手的机会。这时，单身尼罗鳄们会从四面八方冲向失去了保护的雌鳄，在进行传统的求偶仪式前就将其强奸。随后，雌鳄也纷纷离去，交战双方都会吃亏。所以，只有那些掌握了恐吓的艺术、懂得避免战争的最高统治者才能长期统领后宫。这可真不是一件容易的事情！

许多雄羚羊（如高角羚）的争雌难度更胜一筹。一只雄高角羚的草原领地十分广阔，至少有17万平方米。它得小心对手、保护领土。在如此辽阔的区域内，各种棘手的事件层出不穷。但雄羚的领地又必须足够大，才能保证它获得遇见雌羚的机会。

雌高角羚所在的羚群成员多达上百只，即便在发情期，它们也不忙着找对象，吸引它们的只有拥有美食、良饮以及盐分资源的地方。另外，可在反刍时停留的阴凉休息地也是重要条件之一。也就是说，雌羚羊会为追求舒适的生活环境而进入一些雄羚羊的领地，只有这些领地的主人才能获得接触雌羚的机会。

既然一下子有上百位“女士”出现在了自己的领地上，雄羚自然会想尽一切办法拖住它们。首先，它会展现出自己温柔、刚毅的一面，走到领地中间。粗鲁的雄羚只会令雌羚羊远离它们。可是，看住一麻袋跳蚤都比挽留几百只雌羚羊简单。“女士”们很快就懒懒散散地走向了另一块相邻的地盘。

接着，另一位玉树临风的“男士”从另一侧闪亮登场。它犹如一只凶恶的牧羊犬，让雌羚羊们紧紧地聚拢在一起，放低羊角威胁它们，并发出鹿鸣般的叫声。通过这种方式，雄羚羊根本无法判断哪些雌羚是它想要“俘虏”的有受孕能力的成年羚羊，哪些是“孕妇”，哪些是尚在哺乳期甚至是还没发育成熟的孩子。雄羚羊试图将它们一网打尽，反而因此快速地失去了它们。

雄高角羚的体重明显下降。它的地盘上的草长得越茂盛，就会有越来越多的雌羚越发频繁地光顾此地，那么，它所能食用的植被也就相应骤减，因而，导致它加速瘦成了皮包骨。

因此，首领之位的有力争夺者快速地耗尽了它的体力。一只更为年富力强的单身雄羚很快就会对其产生威胁。可是，对“先皇”

而言，遭到放逐并不等于失去了一切。它立刻跟随着单身大军踏上了旅途，前往草食丰饶并能让它休养生息之地。它这么做是为了休整两个月，然后重夺皇位。

其实，一只野生雄高角羚永远不可能再得到这个机会了。在它担任首领时，14 只雌羚和 6 只雄羚下属组成了它的抗敌防卫军，它们在社会地位与交配权上都受它压制，其在位时的日子十分风光。

可是，头羚身上一旦显现出衰老的迹象，听命于它的两三个部下就会密谋造反，挑动战争。在战斗过程中，进攻方不断更换主战员，头羚却只能独战。

可惜，我们必须承认的是：雄羚之间几乎不存在公平的战斗。只有当日渐衰老的老皇帝获得逃跑的机会，并在往后的日子里过上独居生活，时刻与高角羚群保持 500 米左右的距离，它才能勉强保住性命。

不过，正如瑞士动物行为学家罗伯特·施洛特（Robert Schloeth）观察到的那样，大多数雄羚都宁死不当逃兵。对手凭力量上的优势将其压倒，曾经的首领惨遭杀害，就像在西班牙竞技场上斗牛士所主导的屠杀：一名反叛者用角把老将压倒在地，另一个反叛者则将头上的利角插入其腹部。

“可怜的皇上！”我们只能如此唏嘘感叹道。

冰雪中的岩羚热恋

1 月初，在皇帝山脉（凯撒山）上刚过林线的位置，4 位滑雪爱好者刚踏出这里的最后一片松树林就吓得呆站在原地。7 只岩羚羊正在前方不到 300 米的地方注视着他们。“它们竟然不逃跑，这真是太奇怪了。”一个人说道。然后，他们很快发现了原因：一只毛色为深棕色的岩羚羊挡住了其他羚羊的去路，切断了逃跑的退路。如果有哪只岩羚羊胆敢走过它身边，那只深棕色的岩羚羊就会用力跺前脚，凶狠地屈背低头。

可当滑雪者将双方距离缩短到 80 米时，岩羚羊群闻声而动。6 只毛色较浅的岩羚羊快速从那只“警犬”身边冲过，而后远去；深棕色的那只则留在原地，给旅行者放行，不过旅行者仍与它相隔 30 米的距离。

人们只能在 12 月底和 1 月初体验到这番奇景。那时，在阿尔卑斯山的严寒中，岩羚羊迸发出了炙热的爱情。长着深色毛发的是雄岩羚羊，刚才它正在自己艰难建起的领地上“放牧”它的一小群爱妃。虽然这几个旅行者在不断接近它，它依旧试图看住整个后宫，因为它知道，一旦弄丢，它便再也见不到那些雌羚了。

雄岩羚羊满脑子想的都是情爱之事，偷猎者之前也正好利用了这一点。一名枪技过人的猎手四肢着地，从树林里爬出，笨拙地在雪地上跳来跳去。与其说他像岩羚羊，不如说他看起来更像一只大蛤蟆。发情的雄岩羚相当寂寞，如同一座挺立在高高绝壁上的纪念碑。见到那个蹦跳的人类猎手，它不但没有逃跑，反而好奇地小跑向前。它或许把这个怪物当成了可爱的雌羚，也有可能是它必须对付、驱赶的对手？不管怎样，这个荒谬的错误已让诸多雄岩羚羊丧命于偷猎者的枪口之下了。

这其实展现出了雄岩羚对其发情期领地的重视程度。领地必须建在雌岩羚群肯定会光顾的地方。不过，雌岩羚们最先感受到的不是雄岩羚的个体魅力，而是受到了领地上可口食物的吸引——和雌高角羚的情况如出一辙。理想的生活环境通常处于林线与岩壁之间，这里的峭壁层层向高处延伸。积雪从此处滑向山谷，地上满是干草，覆盖着积雪的平地也是爱情游戏的完美场所。

该区域周围站满了一排发情期的雄岩羚羊，它们彼此间保持着大约 300 米的距离。在下面一些的树林里，有一群“未婚者”，其中包括“青少年”，在树木的掩护下伺机而动，等待将老雄岩羚赶出它的领土。

这种行为方式不禁让我们想到非洲羚羊。有一些动物学家不愿意将岩羚羊（像北山羊那样）归入山羊属，而执意将其纳入羚羊属和瞪羚属中，他们的观点也因此更加可信。

两只雄岩羚为争夺稀缺地盘的角斗之所以特别，是因为大自然公平地赐予了双方致命的武器，也就是它们尖锐的羚羊角，但它们又必须尽可能地避免被对方所伤。它们的战斗过程如下：

在作为序曲的恐吓仪式结束后，对阵的泽普和阿洛伊斯肩并着肩跑上了陡坡。它们试图在高度上赢过对方。若泽普占据高位，它便从上方顶撞对手，让其再也无法稳居于此，只能以最快的速度向下逃窜。

可阿洛伊斯却能技巧娴熟地在峭壁上绕着泽普打转，并麻利地跳到高处。这下它就可以在泽普拐弯时从高处冲撞它了。主攻地位就这样不断交替，好似老式双翼机时代的一场空战，跌宕起伏。不受限于地形的灵巧性、战略手腕以及攀登技术都是赢取胜利的决定性因素。

一只体重与成年人相当的雄岩羚羊可以短短 5 分钟内在 400 米

高的陡坡上取得胜利，其中最关键的因素在于，它的心脏只有人类心脏的三分之一那么大。它可以跳过 7 米宽的峡谷，还能以立姿起跳，达到撑竿跳运动员借助撑竿所达到的高度。岩羚羊还手握“蹦极”世界纪录：它能面不改色地从 20 米的高处跳下，然后四只脚同时灵活着地。

岩羚羊在单挑决斗中同样采用了各式各样技艺精湛的攀登法。决斗的一方会时不时地试图靠近对手，计划用羚羊角上的弯钩钩住对方后腿，将其甩下山崖。

年长雄岩羚的角之所以比雌岩羚的更弯曲，其原因正在于此。雌岩羚的角钩则更像是一种育儿工具。在幼崽出生后，母亲很快就能用角让孩子们自行站立，或当它们摔倒时能及时扶起，抑或是在金雕进犯时保护孩子们。

泽普被对手用弯弯的角钩甩了出去，但它瞬间又跳立了起来，否则，结果将不堪设想。

究竟情况会有多糟呢？让我们来看一个真实的狩猎故事。几年前，一个猎人在不被岩羚羊们发现的情况下走到了离它们 80 米远的地方。子弹击穿了前面一只岩羚羊的肩胛部，它顺势倒下了。在追它的另一只雄岩羚不清楚发生了什么，飞奔向前，用它的角痛打死去的对手。羚羊角就像一只肉钩戳进了对方的肚子，将它高举起来。如果倒下的岩羚羊还留着一口气，该过程所造成的撕裂伤口就足以要了它的命。

另一方面，人们也观察到：岩羚羊所展现出的一种恭敬、顺从的姿态，在对手面前是非常有效的。另一只雄岩羚羊在逃跑时踏上了山崖外突出的部分，误入了绝境。在对手赶来时，它便四肢张开，平趴在地上。它的身体和头部都紧贴在地上。最终，它毫发无伤。因此，有可能是因为那些死于枪口的羚羊都没有“按规定”在地上摆出恭敬的姿势，所以才未能逃过同类对手的攻击。

在这样的战斗中，谁将会是最后的胜利者呢？在我们的故事中，泽普在被甩出时快速站了起来。斗志是它为此付出的唯一代价。泽普飞驰而去，将地盘让给了阿洛伊斯，自己则重新加入了松树林间的单身大军。

可是，这种追逐也可能为它们带来致命的打击，即便是间接的。尽管岩羚羊技艺精湛，但决斗还是会消耗大量它们在秋天时储存的能量。而且，一只雄岩羚在捍卫发情期专用领地时没有机会进食，它最多只会吃一点雪，含雪止渴。如果岩羚羊在此时耗费了过多脂肪，它便无法在 2 月、3 月的严寒中存活下去。

所以，一只健硕的雄岩羚如果让一群较年长的雌岩羚受孕了，那么，一般到了 12 月中旬，它多少都会愿意离开领地，将土地让给年轻的竞争者。年轻的雄岩羚只能与更年轻的雌岩羚结合了，因为它们的发情期要晚于老岩羚。

因此，1 月初在发情领地上上演的只有“青少年”间的私通之事，这也是对来年交配的预演。

一妻多夫制

最近，一名女权主义者抱怨了她对大自然的不解：生育是一项极其艰苦的工作，却只能由雌性来完成。在抚养孩子的过程中，哪怕能让雄性分担一些压力都要好过现在的情况。可就连知识最广博的女性也不知道雉鸻科动物的存在。它们和其他一些动物的两性分工便是如此，实际上也极为成功。

若按逻辑分析，在它们“颠倒的世界”中确实有很多倒置且完全不符合常理之事：雌性比雄性更大、更壮，羽饰也更为美艳。雄性是真正的“倒插门女婿”，它身着简朴的棕灰保护色工作服，接过了“家庭主妇”的工作。

在两性战争中，一妻多夫制将权位倒置推向了顶峰：一位“夫人”竟然在其“后宫”中养了数位丈夫。

在印度，生活着一种名叫林三趾鹑的鸟，它们演化出了最为特别的行为。雌林三趾鹑好似泼妇，雄林三趾鹑则是温和、恭顺与质朴的典范。如果世界上真的存在阿玛宗种群*，那么，这样的种群必定就出在林三趾鹑之中。

在林三趾鹑中，“女兵们”甚至会对任何一个靠近的同类无端动怒。在印度，狩猎者只需要在这种鹑的求偶区域内放上一只形状、色彩与林三趾鹑有些相似的木偶，就能吸引一只雌林三趾鹑与其交战。由于它和木偶打得过于激烈，以至于根本无法发现狩猎者，结果就会被人轻松地用手抓起。

它们没有被扔到锅子里，而是被用来进行生死决斗，供人欣赏。

当雌林三趾鹑展开华美的羽毛，像印第安酋长那样跳起具有威慑作用的舞蹈时，雄鹑只能慢慢地、谦卑地靠近，还得在“女士”面前平趴在地上。雄鹑彻底投降，为交配做好了准备！

只有当身材娇小的雄鹑恭顺地屈从于力大无穷的女战士时，雌

---

* 阿玛宗人是希腊神话中的一个纯女性部落，阿玛宗女战士皆骁勇善战。——译者注

林三趾鹑才会低下身子，以便让它的丈夫完成任务。

雌林三趾鹑就这样又与两个、三个或四个雄林三趾鹑进行了交配。这些雄鹑之后都会待在它附近，各自建起一个小窝。这样，雌林三趾鹑就拥有了一个由几个雄鹑所组成的“后宫”。

那些丈夫就像东方古代社会中共处一室的四位妻妾，但雌林三趾鹑却并不喜欢让自己的丈夫们彼此靠得太近。在强势的妻子面前，那些“小丈夫”就显得十分温顺，可是嫉妒之心也在“后宫”中滋长。若两位“先生”距离太近，随即就将上演一场混乱的打斗。它们会像女人们用手帕打架那样用翅膀相互拍打。这时，“女上司”马上就会在它们中间啄来啄去，不一会儿便调停成功。

在这样一个男权受到颠覆的社会体系中，雄性自然要承担起全部的家务活：筑巢、孵蛋、喂食、养育雏鸟至其独立。

雌林三趾鹑唯一的任务就是保卫领土。在遇到一只体形较小的敌鹑进犯时，雄鹑只能呼喊求救。这时，“阿玛宗女战士”就会马上出现，令一切恢复正常。

为了不让那些雄性劳动者闲下来，在雏鸟独立离巢后，每只雄鹑很快就会在巢穴里获得新的恩赐。这下它们又得照顾“婴儿”了，又得从头经历一遍苦差事。

每年，4 只后宫雄鹑会分别抚养两次雏鸟，每次 4 只。按此计算，一只雌林三趾鹑每年最多得当 32 次母亲——这着实是鸟类世界中的一项大工程，这种大工程是唯有通过一妻多夫制才能实现的。

从追求性别解放的女性的角度来看，这种多配偶制的婚姻着实令人妒羡，它对物种繁育难道没有不可估量的优势吗？若具有显著优势，那么，这种婚姻方式早就应在动物界普及开去，然而，实际上，我们却很少能发现一妻多夫的情况。

目前，这种一妻多夫制只在林三趾鹑这种动物中得到了确认。在雉鸻、灰瓣蹼鹬、红颈瓣蹼鹬、中华水雉、绿水鸡、小嘴鸻、彩鹬以及生活在马达加斯加的本氏拟鹑等动物中，也发现了与林三趾鹑的一妻多夫制惊人类似的婚配方式。尽管这些动物分布在各大洲，但从动物属性上来看，它们都是近亲物种。

为了找出更多例证，我们必须潜入深海去认识生活在这无尽黑暗中的动物，认识其两性、繁育及敌我关系。我们无法从体形上分辨它们，而只能通过它们的航向灯、荧光变幻及亮光闪烁的节奏来分辨它们。

在漆黑的深海环境中，埋伏着一只可怕的怪兽，那是一条雌鮟鱇鱼。它身上唯一的闪光点是一种小虫，像一个诱饵挂在一根已然演化成钓竿的长刺上。那个闪光点就在角鮟鱇布满利齿、黑洞洞的大嘴的正前方。任何受到亮光诱惑、向其游动的生物都会被它吞噬。

可是，这也给这种了不起的雌鱼带来了一个严峻的难题：它是如何认出向它靠近的雄性是自己的追求者从而不会将其当作猎物吞下肚呢?

大自然给出了一种巧妙的解决方法：雄鮟鱇体形微小，根本无法察觉。身小如蝇的未婚夫游向身长数米的准新娘，无论最先触及雌鮟鱇的哪个部位都会紧紧地咬住，从此再不松开。这一咬变成了一个长达一生的“吻”——哪怕已有一整个雄鱼“后宫”像乳状小垂饰般“装点”着雌鱼的外表。

雄鮟鱇的嘴巴慢慢与雌鮟鱇的身体合为一体。雄鮟鱇双眼失明，因为雌鱼会代替它看。它的消化系统萎缩，因为雌鱼会代替它吃。

双方的血液循环系统也合二为一。“丈夫”如未出生的胎儿通过“胎盘”获得补给——只不过它不是待在子宫里，而是作为突起依附在雌鮟鱇表面的皮肤上。

雄鱼变成了雌鱼的寄生物，退化成了一个只需令卵子受孕的单纯的精子制造器。现在，雄鱼只是雌鱼的一个“附件”。雌鮟鱇身上带着无数配偶，它的体重是每个丈夫的100万倍。

印度洋银线小丑鱼的一妻多夫制则更加荒诞。在热带海域的珊瑚暗礁中，每只海葵上都生活着一条“超级雌鱼”和它后宫中的8位丈夫。“后宫”这个词用得较为贴切，因为雌银线小丑鱼会将雄鱼赶在一起，牢牢看住。

让活力四射的雌银线小丑鱼大为扫兴的是，最强壮的那条雄银线小丑鱼竟然会阻碍其他雄鱼与“女王”的爱情游戏，试图在“后宫”中建立起一夫一妻制。雌鱼虽比雄鱼强悍且有力地掌控着整个雄鱼后宫，但那条雄鱼的行为是如此偏激，就连“女王”也对此束手无策。

就在“女王”死去之时，不可思议的事情发生了。周围再无雌鱼，上哪儿去找另一条雌银线小丑鱼呢？答案就是从雄鱼堆里找！之前最得宠的雄银线小丑鱼仅在“女王”去世后3个小时内就能完美地变性为雌鱼，并成为新的“女王”。

印度洋银线小丑鱼的幼鱼皆为雄性。只有在雄鱼发育到顶峰状态的情况下，雄性才会转变成雌性，而且，只有最优秀的雄鱼才能获得变为雌鱼的机会。

在全书临近尾声的这一章，我为大家介绍了动物界独具一格的一妻多夫制。在此，做个说明：以目前的研究成果，我们尚未掌握这种婚姻模式的更多的例证（除低级生物外）。

在人类社会中，这种婚姻组织形式极为少见，但也存在，且通常发生在两个极端的环境中，即出现在极为贫穷和极为富有的社群之中。

过去，在喜马拉雅山山麓，当地农牧民的生活极其艰苦。人口增长会导致更为严重的饥荒，所以，这里有的家庭用"一妻两夫制"控制出生率。在那里，每两位女性中便有一人与两个彼此为亲兄弟的男人结婚。在那里，独个男人几乎没有养家糊口的能力。另外，那里半数的女性终生未婚、不孕。

生活在印度南部马拉巴尔地区的恩雅尔人（Ngyars）则完全不同。从公元前5000年直至今天，他们一直都保存着古印度一妻多夫的母系氏族传统，也就是母权制与一妻多夫制相融合的残存文化——这就是希腊神话中阿玛宗人的原型。一些生活在波利尼西亚的岛民赋予了族内女性优越的领导地位，她们有权与多名男性保持婚姻关系。在这里，拥有一妻多夫权是女性奢享与地位的象征。

第七章

至死方分离

野生动物们渴望自由恋爱吗?

侏獴宾博一下子没留神，鼓腹毒蛇就冲了上来，用毒牙咬住了它。受了伤的侏獴不会马上一命呜呼，但它的伤情十分严重，如果侏獴群中的同类不马上像医护人员那样好好照顾它的话，它也会丧命。

不只是宾博的父亲，族群中的另外6只成年侏獴都放下了手头的全部工作，专心照顾伤者。它们给宾博让出了最好的床位，给它取暖、清洁、喂食整整7天，直到它完全康复。

在我们所知的动物世界中，能提供这种正规医疗护理的仅这么一种动物。这是否凸显了一个动物社群中良好的成员关系呢?这很特别。大多数人认为：自由自在的野生动物也像我们人类社会中的一些单身青年那样希望拥有自由的感情生活。动物学家们在畜群、牧群、狼群、鸟群和鱼群中都观察到了自由的交配关系。动物“自由婚恋”的观点要追溯到一些著名婚权史学者，例如约翰·J.巴霍芬（Johann J. Bachofen）教授。他在百年前便提出：原始人类的乱交（没有约束的爱恋关系）是在野生动物群体交配的基础上发展而来的，之后才演变为一夫多妻制、母权制和近亲结婚现象，直到今天的一夫一妻制。可自那时起，人类学家却坚定地认为，没有婚姻关系的性交和持续不断的换偶行为从未存在于任何原始族群中。这一情况着实出人意料，推翻了固有的成见。

这也激励了我从另一个角度去研究这一问题：在动物群体中，是否真的存在如此粗野的换偶行为？这是一项令人兴奋的侦探性任务。

表现出志愿服务行为的侏獴是否真的是一个高贵的族群呢？安妮·拉莎（Anne Rasa）博士分别在野外和塞维森的马克斯·普朗克行为生理学研究所内对侏獴进行了常年观测，她发现：集体精神、共产主义观念在侏獴的性生活开始时便被丢到九霄云外了。

由 15 位成员组成的侏獴群总是由一位“女士”掌管。侏獴只知道恪守母权制，由地位最高的雌性行使统治权。位列雄性榜首的侏獴只是一名副手，同时也是女王终身的婚配对象即“亲王”。

还有更奇怪的事呢：在侏獴群中，只有地位最高的雌雄侏獴才能交配、生子，其他所有的成年侏獴都只能为“王室夫妇”提供服务，也就是狩猎、觅食、抗敌、保育幼崽及客串“护士”。所以，侏獴群是由一对相伴终生的“夫妻”与它们的仆人组成的集体，因此根本就是共产共享的对立面。

听了这则“负面消息”之后，让我们再来了解一下安纳托利亚田鼠，看看在它们中间是否存在着群体性交现象。

那是一个田鼠繁殖的大年，安纳托利亚田鼠的繁殖能力堪比旅鼠。站在收割后的田地里，它们总是从我的脚上闪过，目力所及之处遍地都是交配画面。一场结合刚刚结束，雄鼠又开始与另一个雌性交配。这简直就是一场无序的纵欲狂欢！

可是新生命却不会因此诞生。由于新生代的缺席，田鼠数量的爆炸变成了灾难式的萎缩，而且这也恰恰是因为纵欲过度。

没错，性交是一种繁殖行为，但纵欲过度却会带来对繁殖有害的结果：导致种群成员数量的回落！

造成这一结果的肇端着实充满了戏剧性。慕尼黑动物学家瓦尔特·博伊姆勒（Walter Bäumler）以安纳托利亚田鼠为例对此进行了研究。在某些年份中，这些田鼠以数百万的规模居住在我们的稻田里。

通常情况下，这些田鼠温顺地保持着一夫一妻的婚姻状态，互相忠诚，对第三者不加理会。但一旦鼠群成员数量在丰年里增加，各个田鼠家庭就得越发紧凑地挤在它们的洞穴里。这令雄鼠性欲熏心，出轨其他雌性，并力图组建属于自己的后宫。一场无休无止的恶战就在雄鼠之间爆发了。性欲的增强带来的绝非鼠群成员间的友好关系，而是野蛮的谋杀之欲。田鼠们跳到对方颈边，将其咬死。90% 的安纳托利亚田鼠因此死亡或迁离此地。上万只田鼠遭到谋杀，它们的鲜血浸染了稻田。

雄田鼠的数量因此相对较少，据说，每只雄鼠此时可以拥有一个平均由 9 只雌性组成的后宫。

它们互相构成了同窝关系。一只雌鼠大概以每 21 天生一只幼崽的速度产下约 7 只幼鼠。这些小田鼠都会被放在位于中心的洞穴里，与后宫的其他“嫔妃”一起生活。所有雌鼠都会喂养、照顾幼鼠，并不介意它们不是自己的亲生骨肉。

这种后宫组织形式和田鼠族群中的公共“托儿所”根本不会在其发展的第一阶段给激增的种群数量刹车，反而导致了超乎想象的大规模繁殖。

另外，在此阶段还会上演一种令我们难以接受的哺乳动物交配行为：后宫的拥有者会在孩子只有三天大且体形极小时便与其交配。如此一来，幼崽们在三周大时便能产崽了。这种乱伦行为是我们目前所知的动物界中最夸张的乱交现象。安纳托利亚田鼠的情况类似于它们的近亲旅鼠。

田鼠种群的动态发展即将进入第二个阶段即纵欲阶段，这将导致种群数量的整体下降。

别处的雄鼠从外部进入这拥挤不堪之地，而此时的“鼠王”因纵欲过度而身体虚弱。外来鼠通过致命之战夺走了后宫。

可事情还没有结束。新首领并不在意它的前任生了多少孩子，它只希望尽快拥有自己的后代。

狮子、灰叶猴、长尾猴和其他猴类也经历过类似的场景：后宫的拥有者会将所有非亲生的幼崽全部杀死。这不禁让人联想到希律王在伯利恒及其周围组织的婴儿屠杀。

从交配可能性的角度来看，这种形式的“杀婴”对安纳托利亚田鼠毫无意义，所以，就出现了另一种情况——自 1959 年起，这一现象以“布鲁斯效应”之名流传于世：非配偶雄鼠的体味是所有其他雌鼠的“堕胎药”，会导致整个洞穴中雌鼠的妊娠终止。所有非生父雄鼠的气味会让鼠胚胎停止发育。根据鼠胚胎生长阶段的不同，它们或是在母体中重新化为体液，或是经母体流产而出。

这是一场对胚胎的谋杀，用的不是利齿，而是间接利用非配偶雄鼠身上所散发出的气味！

只有当“前朝妃子”的预产期只有一两天时，这种可怕的谋杀机制才会对其失效。在雌鼠产下幼崽后，新首领会迫不及待地吃掉幼鼠，没过多久，它就开始与孩子的生母交配了。

这种野蛮的行为链就此上了发条，指向的却是安纳托利亚田鼠自己。因为早在雌鼠 21 天的妊娠期结束前，早在新首领的孩子降生前，后宫就已再次易主。幼鼠们再一次地死亡了，这条行为链也就永无止境地走了下去。

领地内笼罩着谋杀与交配之气，却再也没有幼崽降生于世了。尽管鼠群中存在着大量性交行为，但大部分田鼠就这样在短时间内去世了。

安纳托利亚田鼠之间的谋杀与性爱纵欢十分可怕，其在几周内所造成的影响是一万只猫和普通鵟在一年内都无法完成的。

看来，世上有一些动物会仅因自身的反常行为而（几乎！）彻底灭绝。

大自然用社群成员的（反常）行为来限制其种群数量，但这些行为所展现的却并非一个特别“先进的社会体系”。

再让我们继续纵观动物界，我们仍能发现数不胜数的单偶婚案例。有的动物婚姻历时极为短暂，而有的动物夫妇则白头偕老，尤其是鸟类，因为倘若没有父母双方为雏鸟提供必备的食物，那它们必将死亡。

我们在普氏野马、鹿科、鳍足目、鳄鱼、蜥蜴、鸡、环颈雉和其他动物群体中发现了各式各样的多偶制形式，但从本质上来说，（孤雄独霸群雌的）“后宫”有别于其他社群。

我们还会发现所谓竞技行为，也即雄性聚集在竞技场上参加的“选美比赛”，如黑琴鸡、流苏鹬、牛羚和许多羚羊中的这类行为。它们在“舞台”上展现自己，邀请雌性做出选择，与其交配。它们几乎从不会结为夫妻。不过鉴于雌性们总是选择固定的“最美先生”婚配，所以，这种动物群体也谈不上是一个社群。

让我们继续开展研究，并将焦点转向动物中闷闷不乐的独居者。

野兔就是一种隐士，它无法忍受在自己的势力范围内有其他兔子，也不准有雌兔。只有随着时间的推移，当雄兔有了交配需要时，情况才会发生变化。届时，它便将领土分界线推到“女邻居”地盘内，将鼻子紧靠地面，通过气味追踪雌兔。

如此一来，雄兔便能造访这位“女邻居”及另一只雌兔，两场特殊访问结束后甚至还有可能拜访第三户“人家”；反过来，雌兔也可接待多只雄兔。在这个例子中，摆在我们面前的更多是一种存在“至交关系”的非婚体系而非社群，因为集体生活是社群的基本特征之一。

狮子的情况也与此类似吗？在非洲草原上，由两三只雄狮组成的雄性联盟掌控了五只、六只或七只雌狮。这几位“摄政王”在感情的问题上都出奇地大度，不会嫉妒其他雄狮与雌狮的关系；在对抗外来之狮时，它们则都会全力以赴。

一般来说（当然也有例外！），一头雌狮在一个发情期内只会与一位狮王保持关系。可在它产崽两三年后，当它再次进入发情期，我们可以料想到：这头雌狮多半会跟另一头雄狮“跑了”。

现在我们又离社群式的社会形式更近了一步。但我想：狮子的这种社会形式表现了其对“单偶制”的追求，但它们却又“常常离婚”——这样形容会更准确一些。

那么，再让我们来看看另外两种重要的动物群体。首先是我们的宠物。正如一句德国谚语所说的那样，经过驯化的家兔其实会在性欲的刺激下随心所欲地在笼中互相追逐。值得注意的是，许多其他的宠物也会表现出类似的行为。

为什么会这样呢？下面这个有关雁亚科的例子为我们提供了一种思路。灰雁一直保持着一夫一妻的生活状态，直到死神降临才会令它们彼此分离；而白鹅则相反，它们生活在一种原始的两性社群中。我们终于用上了“社群”这个词。

生活在野外的家庭成员会与同一片繁育地上的其他家庭保持一定距离。如果种群的成员数量越来越大，那么，各个家庭间的距离就会被压缩。接着，很快就会出现出轨、三角关系、离婚、性交易等不轨现象。

此时，它们距离笼中白鹅的两性社群阶段只差了一小步。但要解释红毛猿与青潘猿的社群关系则不是件容易的事。因为，偏偏就在自然界中与人类亲缘关系最近的这两种动物中有着这种关系，而且不是种群数量过剩或被困在笼中等极端情况下的产物，而是一种生活的普遍现象。

生活在中非热带雨林中的青潘猿们之所以会产生这种行为，其首要因素其实十分易于理解。青潘猿群落首领不会将自己看作性行为的独裁者，不会像头狼那样阻止狼群中其他雄性的感情生活，而是相反地，允许雄性同伴与其最爱的雌性交往——当然，先要得到那个雌青潘猿的同意。

青潘猿在两性关系上的“口味”也会随着时间变化。这就意味着：只有雌性的多偶制本能才会诱发雄性的这种天性。

在野生青潘猿社群中，这种“抢椅子”游戏的进展速度还要快得多。有时，一个雌性会将自己先后委身于不同的雄性，这自然就触发了“先生们”的嫉妒心——要我说，这就像“妓院里的男人在互相吃醋”。

但这种比喻并不恰当，因为在交配纵欲结束后，一个雌青潘猿得等上整整5年才能再次拥有这种“桃花运”。若雌青潘猿在这次交配中获得了一个孩子，在将其带大、等其断奶前，它不会进入下一次发情期。所以，可想而知，在一个通常由15个个体组成的群体中，青潘猿纵欲的机会是多么少啊！

人类社群若是这样，那绝对会对人类个体毫无吸引力。

身不由己的寒鸦婚配

我们人类结婚讲究门当户对，有着各种选妻择夫的方式，但这些习俗也常常受到抨击与指责。而在寒鸦社会中存在着一种看似不可能实现的专制婚配制度，相比起来，就连人类的婚姻习俗和观念也只得甘拜下风。

年轻的寒鸦姑娘乌拉对此就有着深刻的体会。它是一个寒鸦族群的成员，在古堡的废墟中长大。在寒鸦“妇女协会”中它排行17，所以它一生的伴侣早就注定了，是单身雄性中的第17名。相比人类，爱的感受能更加强烈地激发动物的感情，可在寒鸦身上，面对婚姻，爱情却只能保持缄默。

这一发现归功于荷兰行为学研究者A. 勒尔（A. Roell）博士，他曾在格罗宁根的一处寒鸦栖息地进行了5年的观测。

热烈的求偶仪式纯粹只是礼节性工作。在轻啄和天真的耳语“情话”之后，双方算是订婚了。如果双方还未性成熟却又作为夫妻生活在一起，那么，研究者便将其称为“动物的订婚”。

从此往后，夫妻双方在族群中总是形影不离，一起觅食，遇到冲突时助对方一臂之力。可是，两个月后，排行第13的寒鸦先生被猫抓走了，那么，现在，乌拉未婚夫的排名便不是17了，而是第16位。13号后所有的订婚序号都向前调整了，乌拉也获得了一位新丈夫即新晋的第17名雄鸦。我们将寒鸦对自己在族群中的个体地位意识称为位置意识!

特别的是，寒鸦的婚约会随着地位的改变而取消。可雌雄双方一旦发育成熟并定期交配，那它们就绝不会离婚，除非是死亡将它们分开。

在乌拉和新晋未婚夫乔克“正式结婚”前，双方先要过一段试婚生活。它们先会试着在古堡残垣上找个洞筑巢。可是，地位更高的族群成员却又总是将它们赶走。这些夫妇不只是“每户”占领一个洞穴，而是占有四套、五套甚至六套“住房”，还得尽可能在各个方向上都占一套，好让它们在睡觉时更有保障。这就是寒鸦贵族的特权。

因此，乌拉和乔克只能在旷野里过夜了。它们在一棵树上练习筑巢，但在3月末，树依旧光秃秃的，还透着风。

好在它们的“房子”盖得非常好——这也是一个信号，尽管它们是“包办婚姻”，但小两口的步调却越来越一致。一个鸟巢整洁或邋遢总能反映出这对通过特殊方式走到一起的寒鸦夫妇生活得是否“幸福”。出乎意料的是，在大多数的情况下，寒鸦的婚姻生活还不错。

用树枝编好巢后，乔克就会飞到几只在草地上放养的羊身边，从羊身上拔下一些冬季羊毛，并用其填充在巢穴的底部。倘若它没有好奇心过剩，一切看起来都是如此完美。

人们总说喜鹊偷盗成性，用小偷的方式将所有光亮闪耀的不知名物体收集在一起，运回巢中。与之相比，寒鸦有过之而无不及。有一天，一位散步者将一枚没有熄灭的烟蒂扔到了沥青路上。乔克发现了烟蒂，并叼回了巢穴。几分钟后，巢穴的羊毛垫着火了，接着，巢穴也起火了。最后，连这棵树上冬日干枯的树冠也全都烧了起来。好在这棵树独立旷野，否则将会造成一场毁灭性的森林火灾。在英格兰，每年都得出动至少 30 次火警，以扑灭类似由寒鸦或喜鹊造成的树冠“纵火案”。

现在，乌拉和乔克得寻找一个新的筑巢场所了。时间正值 4 月，那些将它们赶出古堡废墟的“高级”寒鸦已开始将自己的一间“卧室”布置成繁育的巢穴。因此，一时间就有许多第二套住房空了出来，可供乌拉和乔克选择。地位较低的外围寒鸦就这样变成了正当的领地成员。但是，要想得到认同与接受，还得有些智慧才行。

一天早晨，乌拉在河边浅滩上发现了一条死鱼。它还没吃上三口，拉斯普金就落在了它身边。拉斯普金是一只地位极高的雄寒鸦，它要求乌拉将猎物全盘呈上。抗拒看似毫无希望。不过，乌拉突然想到了一个更好的方法。

它继续向前飞了 15 米，大叫着跳进了一个 1 米高的枯叶堆，并开心地用喙啄来啄去，就好像收获了世界上最棒的猎物。拉斯普金非常担心错过更好的东西，便放下鱼，也飞到了树叶堆里。它在那树叶堆里翻找、嗅闻，除了枯叶一无所获。而在此过程中，乌拉叼着鱼飞回了乔克守护的巢穴中，与乔克一起分享了猎物。在巢穴里，没有谁会妒羡它们，因为寒鸦巢穴与人类住房一样，是不可侵犯之地。

动物间也存在性吸引力吗？

年轻的雌渡鸦有着敏锐可靠的洞察力，因为这种特点，我们就叫它麦瑟琳娜吧，那是古罗马一个毫无忠诚可言的妇人之名。早在订婚期开始之时，它就屈身靠向年轻渡鸦群头领克劳狄乌斯的颈部，好似克劳狄乌斯正是它的至爱。克劳狄乌斯被如此的臣服之举深深感动，便与它结为不离不弃的夫妇，从未尝试着与另一只雌渡鸦接喙。

可是，有一天，克劳狄乌斯铩羽而归。它显然是碰到了鼬或狐狸，在险境中逃过一劫，丢了羽毛。

在族群中排位第二的尼禄马上察觉到了迫使首领下台的机会，它挑起了一场恶斗。在战斗中，为了保命，克劳狄乌斯只得摆出幼鸟般顺从的姿态，在胜者面前蜷曲下蹲，以乞讨的姿势张开嘴，并发出单纯的渴求鸣唱声。

接着，克劳狄乌斯得到了宽恕。可是，它的自尊心受到了严重打击，以至于它不再对其他渡鸦做出任何反抗。所以它的族群地位并非仅仅下降到了第二位，而是退到了第八位，进入了最末等级。

从此时起，“废帝”对它的麦瑟琳娜来说已毫无用处。取而代之，麦瑟琳娜开始围着尼禄即新首领转，并使出了雌渡鸦的所有方法，而此时，克劳狄乌斯只能从排位最末的“灰姑娘”那里寻求安慰。

麦瑟琳娜这时似乎并没有做出有远瞻性的规划。下一次换羽期结束后，克劳狄乌斯的羽毛都重新长了出来，重拾自尊，没过多久便战胜了尼禄。我们以为：它现在该像童话中那样，只愿将“灰姑娘”扶为“第一夫人”，与它保持着生活伴侣的关系。

但这只疯鸟却又被麦瑟琳娜诱惑了。在尼禄降级后，麦瑟琳娜立刻就对其置之不理。狡猾的雌性所具有的性吸引力获胜了。与寒鸦中的情况相类似，对雌渡鸦来说，配偶的权位其实比配偶本身更重要。

有些人认为，动物间的爱情和择偶行为仅受单纯的性本能支配。看了渡鸦的例子后，他们深感受教。这个例子看上去很荒诞——渡鸦竟然将权位看得比性与好感还重要，与人类中的某些人一模一样！

克劳狄乌斯与麦瑟琳娜的婚姻生活也过得不太融洽。它们时常争吵，也没能成功地孵化出一窝幼鸟。两年后，在一场激烈的殴打过后，它俩断绝了配偶关系。这就是动物世界中的离婚！

不仅渡鸦，狒狒寻找真爱的目光也会因谄媚行为而遭到蒙蔽。在这种猴子的社会中，一个雄性就拥有一个由大约三名雌性组成的小后宫：一个强壮、年长且经验丰富的正妻和两名妾，其中，通常有一只是较为年轻、弱小的。

这只地位最低的雌狒狒现在已经习惯抓住一切机会展现出极为卑躬屈膝的姿态，而这显然要比正妻自信的动作更得“君王”的欢心。它一直都在雄性面前展现出无条件的顺从。就这样，大多数温柔的爱情游戏只发生在它与雄狒狒首领之间。在雄狒狒首领看来，那个正妻已几乎没有任何性吸引力，因此只会快速且相当不情愿地以最低限度完成它的生物学任务。

这就是狒狒社会中的“小秘关系”。

田鼠更是将这种现象以近似疯狂的方式展现了出来。在种群数量过剩期，它们便身处于一个原始的交配社群之中，其中，一些恶习泛滥。

一只雄鼠与一只雌鼠纵情作乐多次后，才会休息半个小时。接着，它又重新寻找对象，并根据某些准则做出选择。对雄鼠而言，最具吸引力的是年轻的雌性伴侣。雄鼠显然能够通过气味认出它们。已完成一次交配的雌鼠对它的吸引力要弱得多，而它曾经深爱的雌鼠则完全不会激发它的兴趣。

这种完全受性欲支配的交配行为就是喜新厌旧。

不过，在整个动物界，“年轻的血液”绝不比成熟者更具性吸引力。金丝雀就向我们展现了这一点。

在金丝雀群中，性吸引力与美好的青春活力完全无关，只与歌唱的美妙程度有关。一岁的征婚者想要跟上年长一些的邻居的花腔鸣唱，但它们所接受的演唱训练还明显不够。所以，在金丝雀社群中，年纪最大的单身雄雀总是最快“结婚”的那一个。

生活在芦苇丛中的文须雀大多是高声叽叽喳喳叫唤着的“芦鸦”。一只鳏夫文须雀只能与一只寡妇雀成亲——动物择偶有着诸多条条框框，这还真是让人意想不到。

文须雀的相亲大会通常只在成员密集的芦苇丛中举行。尚处青春期的文须雀小伙儿们体形圆润，它们捉弄、挑逗、叮啄并推挤

“姑娘们”：打是亲，骂是爱！年轻的雌雀们或是用力反啄，或是跑开去。

只有当一只雌鸟耐心地忍受一个“少年”的整出恶作剧，这才意味着它说了“我愿意”。从此，这两只雀便成了永不可分的伴侣，终生琴瑟和谐。文须雀伉俪情深，“丈夫”每夜都会站在树枝上，用张开的翅膀让“夫人”取暖，好让它暖暖和和地入眠。

富有激情的年轻“小伙”的相亲大会充斥着争吵与叮啄，然而，淡然的鳏夫与寡妇却不为所动。一只因配偶离世而孑然一身的文须雀就待在成年雀群体中，相对而言，在那里，许多事已习以成风。

不过，在这里，既没有热情似火的自夸，也没有口角与嫉妒。渴求的鸣唱声在这个社会中便直接传达出了“鳏夫欲续弦”的意思。由此，双方都再次获得了拥有“权宜婚姻或爱恋婚姻”的机会。在佳期内的选择并不多。

雄九间始丽鱼也没有选择的烦恼，同时也为能与之婚配的雌鱼减轻了烦忧。在雄鱼出现之前，雌鱼们就商量好了谁能与“未来的夫君”一起产卵——其结果往往能通过鱼鳍摆动的样子而清晰辨别。正如等候在出租车站的乘客都只能选择搭乘最前面那辆的士那样，雄九间始丽鱼除了悦纳选配好的“新娘”外，完全不会再多做些什么。

动物间的爱情往往错综复杂。我们每天都在犬类身上观察到不可捉摸之事。比如一只毛发蓬乱的大型古代牧羊犬会跨越种族界限与一只体形娇小、奔放热情的苏格兰㹴犬调情，一只眼神温顺如羊的贝灵顿㹴也可能与一只灵敏的短毛泰克尔犬眉来眼去。犬类总有杂交的习惯。可是，至于身强力壮的雄拉布拉多猎犬喜欢柔弱的雌灵猩犬哪一点，它又为何不愿意进一步了解同类雌犬，这就超出了我们人类的想象。或许气味在其中发挥了别样的作用。

反之，猿类中的长臂猿在择偶行为上则有着最严苛的社会标准。它们践行着一种所谓“拉链式”婚姻模式，对此，我已在“出轨的九个理由”一节中做了介绍：夫妻关系中的年长者，无论雌雄，都会先后被更为年轻的成员代替。

许多动物绝非任性、盲目地爱来爱去，而是根据个体的喜好、好感及性吸引力做出极为苛刻的选择，但诸多不可逾越的限制与社会约束又阻碍了它们的真切心愿的表达。

谁又曾为动物们考虑过呢？

只有礼物才能唤起爱意

许多种鸟都有一个习惯，雄鸟在求偶时必须用一份礼物博得对象的欢心，否则它的成婚概率将会降到零。这份结婚礼物可以是美食、筑巢材料、装饰品，或干脆只是一个没有价值的象征性物件，比如一块石头。

雪鸮向我们展现了最为有趣的爱情游戏方式。如果雄雪鸮“忘记”了为它的新娘带来礼物，雌雪鸮依旧会作为忠贞的生活伴侣待在它身边，但拒绝与其交配，那一年不生一子。显然，雄性的性吸引力与它送给雌性的礼物直接相关。

那是 5 月初瑞典北部的冻原，距离北冰洋沿岸不到 30 千米。在这里，微微起伏的地表上还覆盖着一层薄冰，万物寂静无声。每隔 1.5 千米，都有一个 66 厘米高的“雪人”站在隆起的地面上。那是一只雄雪鸮。

忽地，在阳光的照耀下，它伸展开自己洁白无瑕的翅膀，恍如一盏信号灯。它在低空缓慢地盘旋，靠近一只雌雪鸮。与此同时，那位雪鸮“先生”开始发出如母鸡般的咯咯声，或如犬般的吠声，并用利爪做出筑巢的动作，它那是在告诉雌雪鸮筑巢的选地。

但只有当雌雪鸮降落在雄雪鸮身边时，求偶活动的重头戏才算拉开了帷幕。为了求偶，雄雪鸮早已备好了一只死旅鼠，现在，它得用喙将其叼住，以便进行特技表演，给雌雪鸮留下尽可能深刻的印象。比如，雄雪鸮飞得十分缓慢，向下降落。直到离地面只有一掌的距离时，它才重新恢复状态，用力振翅回升。

雄雪鸮最终着陆了，并鞠躬将旅鼠放在了雌雪鸮的脚边。不过，雌雪鸮只是象征性地吃了这份礼物：雌雪鸮弯下了腰，但它叼起的并不是旅鼠，而是一块石头或一些残食。只有当它在巢穴里产下第一枚蛋并开始孵化时，它才会吃掉这份丈夫满怀爱意放在它身边的食礼。

在求爱阶段，那份礼物没有产生任何物质价值，但它决定了雌雪鸮是否会与雄雪鸮交配、为其产卵。喙中没有旅鼠的雄雪鸮也许能以傲姿求偶，可是，单凭此并无法激发异性的爱意。

殷勤又没什么用处，雌性对此是否过于看重了？在鸣禽中，只有雄鸟的歌声才能让雌性排卵，而对雌雪鸮而言，未婚夫喙中的旅鼠也有着类似的功效。

在我们看来，这样的现象着实难以理解，但它可能有着一个基本意义：每过三四年，雪鸮的主要食物旅鼠就会变得极其稀少，因为它们会大规模迁徙，而这场迁徙大多以集体死亡而告终。雄鸟因此无法找到足够的食物并留存下来当作礼物，它们总是因为饥饿就提前吃掉了为娶妻而准备的旅鼠。也因为如此严重的食物短缺，雪鸮夫妇再也无法养育幼崽。所以，最好就不要让孩子诞生于世。

不过，到了次年，旅鼠数量稍稍增多后，雪鸮之恋又开始了。可是，因为雌雪鸮只能偶尔从丈夫那里获得一份礼物，所以它最多只能产下两个蛋。在旅鼠大年里，礼物成堆，雌雪鸮就能产下 9 个蛋，有时甚至多达 14 个。幼雏破壳而出，大家都无须挨饿。雪鸮爸爸接着就会找来大量食物，上百只死旅鼠就像一堵小墙围在巢穴四周，因为大家都吃不下了。

可见，自然界中哪怕再异乎寻常之事都有着它极为特别且关乎性命的意义。

动物中的先生们有多忠诚？

当噩耗降临时，灰雁夫妇佩尔与森塔已形影不离地在一起生活了数年。为了在实验室中开展研究，科学家们在德国下萨克森州派纳附近的阿本森的一处湖泊中捕获了雌雁森塔。

在捉捕时的呼救声中，佩尔逃走了。在事情过去后，它本该接受自己深爱的森塔已死于人手的事实，但它却没有新觅一位伴侣，而是完全不切实际地希望在某时某地重新找到森塔。

将最最无望之事当作可能，为了重逢而不惧辛劳，这就是真爱。在半年长的时间里，佩尔每隔三天就会飞到阿本森的湖上高声鸣叫。除此之外，它的搜索范围还包括汉诺威、希尔德斯海姆、不伦瑞克、吉夫霍恩和策勒整个范围内的其他湖泊、河流、池塘以及小小的水塘。

最终，半年过后，科学家完成了有关森塔的研究，将其放生到了不伦瑞克仅有1万平方米大的多维湖（Dowesee）里。两天后，佩尔就在那儿发现了它。佩尔一个俯冲，落在了森塔身边。它们将自己的翅膀用力伸展，胸部紧贴，扑扑振翅高达3米，它们彼此拥抱，并开始了一场持久的小号表演。

但动物中也有这样一些“男子”，对它们而言，忠诚二字不过是虚幻之物。这些反例的数目其实更为庞大。对婚姻不忠的一个典型例子就是通常情况下极为忠诚的犬类。正如每位犬主所知道的那样，雄犬四处野蛮争抢雌犬的方式就好似意大利的花花公子。

作为狗的祖先，狼的情况稍好一些。至少在一个狼群中，首领往往会与地位最高的雌狼组成牢固的伴侣关系多年。可当“女士”衰老，作为配偶一无是处时，它的丈夫就会将其驱赶到冻原的孤寂之中，以便自己与一只能力更强的年轻雌狼结婚。

在鸟类中，“美男子”最先得到青睐，雌鸟则小心翼翼地追求雄鸟，例如极乐鸟、孔雀、雉及松鸡。在求偶时，雄鸟梦幻地展开闪烁着彩虹七色的饰羽，而雌鸟却身着朴素的工装，外表极不起眼。对此，本人在“数百双眼睛吸引着雌性”一节中已做了说明。

但有一点能令雌鸟获得安慰：在它们的社会中流行的是“女择男”。它们可从“美男子”中为自己选出美之王者。但在历时仅数秒的交配过后，阿多尼斯又视妻子为空气，很快便开始向下一位姑娘献殷勤。

这样也有好处。因为华丽的外表不仅会吸引雌鸟，也会招来敌害。鸟类中的“美男子”对妻子、巢穴及后代来说十分危险，所以，在婚后要立刻避之。

雌雄双方外貌相似的动物总有着最和谐的婚姻关系。前文曾提到过的生活在东南亚丛林中的长臂猿正是如此。每个已婚的长臂猿都会终身绝对忠诚于另一半。在数十年的过程中，从未有过一次出轨记录。

这是如何做到的呢？是因为强烈的嫉妒心，强大到就连嫉妒心最重的人类都无法想象。长臂猿属类人猿，以家庭联盟的形式生活在原始森林中。每天清晨的合唱会将它们与邻居的长臂猿家庭精准地区分开来。

一只站在大树枝干上的雄长臂猿若无妻子的陪伴与监视就不能起跳。反过来，“先生”也不会让“女士”离开它的视线一步。

若有一只陌生的雌长臂猿形迹可疑地接近已婚的雄长臂猿，那个妻子就会如泼妇般地跳到“第三者”身上。而若有陌生的雄长臂猿走到了离妻子 30 米的距离时，丈夫也会痛打每一个进犯者。这也就杜绝了任何一起通奸行为。

在动物界，雄性无论是自愿忠诚还是被迫忠诚，都是大自然用于特定目的的创造：在一些动物中，雌性无法独自抚养后代，雄性必须帮忙，以确保后代的存活率。所有这类动物的雄性都会忠诚于自己的妻子，而其他动物则皆为自利者。

雌性动物促进平权运动

在人类社会中，女性大多受制于男性；在大多数猿猴中，雌性也同样会受到雄性的压制。但动物行为学家们指出：在动物界，也有许多雌性致力于追求平权。

大多数日本猕猴种群的“社会政治”体制至今仍是“落后”的。雌猴习惯于在成年之前就离开母亲，与一只雄猴交配。

“早婚有益”这一德国谚语却不适用于日本猕猴。相反，年轻的雌猴在各方面都得低声下气，即使雄猴待其极为粗鲁，会毫无缘由地殴打它、咬它。

不过，在另一些猕猴族群中，雌性却试图对社会结构进行彻底的革命，追求平权。女权主义者们半开玩笑地表示：这或许也是人类实现女性彻底解放的唯一途径。

在日本东南部的鹿岛以及大阪附近的箕面山上有两个日本猕猴群，这里的年轻雌猴根本不会考虑离开母亲的保护。当少年雄猴离开家庭时，雌猴却会终生留在自家这个团结的集体中。一位母亲一辈子养育的女儿越多，这个“女人帮”在猴群内部的实力也就越强大。

众雌猴的母亲往往也有了祖母和曾祖母的身份。它的家族是动物界中独特的母系社群之一，它也证明了自己中流砥柱的地位。在这个骁勇善战的阿玛宗式社会中，渴望交配的雄日本猕猴只有行为礼貌才会勉强得到接受。雌性群体如此强大，以至于前来造访的“先生们”根本不敢摆出放肆的样子或是大耍脾气。

完成交配后，雄猕猴又必须马上消失。它们又有什么必要留下来呢？一大群经验丰富的姨妈与祖母随时都能参与育儿工作。

这种雌猴在受到长期压迫后所争取来的东西其实是雌河马们与生俱来的。雌河马们紧密合作，对抗“强大”的异性，因而，雄河马们就没那么威风了。

雌河马通常体重2吨，有时甚至达3吨。约10名重量级“运动员”在河道断面上组成了防御联盟。大家可能认为，这是一个理想的后宫，但实际上，雄河马们在此时毫无机会可寻。更确切地说，在这场“女性舞会”中，雄性们只能在边上的“包厢”里找到“座位”。

在待婚雄性的“等候室”中，唯独占据了好位置的雄河马才会适时得到雌性的召唤。为了争夺这个位置，大块头的雄河马们暴力开战。这场争夺战有时甚至是致命的，如当獠牙刺心时。

不过，倘若雄河马不懂得礼遇雌性，那么，最残忍的暴行也无法给它们带去什么。在河马社会中，两性交往方面的礼规甚严。

雄河马只有在听到雌河马的叫唤后，才获许加入沐浴中的“妇女团体”。但此时它也只能以一种谦卑的姿态靠近它们。此时，雌河马无一例外地潜入水中，只将头部露出水面，眼神仁慈。

若有一头雌河马起身，雄河马必须立刻下潜。只有在其余雌河马重新坐下后，雄河马才能为了在水中交配而重新站起来。雄河马稍微违背举止要求，便会立刻遭到怒气冲冲的雌河马集体驱赶。

如果说，躯体粗圆、行动迟缓的雌河马群与令男子恐惧的古老阿玛宗女战士族群并无太多不同，即追求没有异性或与异性为敌的生活（除偶尔、快速的交配外），那么，这种母系社会原则在侏獴社群中又有了更深层的意义。

在非洲东部生活着一群灭蛇者，那是由约12位成员组成的侏獴群。独裁的首领正是家族中的母亲。它忠诚的丈夫终身都与其保持一夫一妻的婚姻关系，但地位仅排第二，还会不断地被欺负、被呵斥。雌侏獴首领会将自己75%的不满发泄在丈夫身上，另外25%则针对其余下属。

在双方成为配偶前，雌性的这些好斗行为还难以察觉。但在第一胎 4 个侏獴宝宝诞生后，体能变弱了的雌侏獴无论对谁都变得极具攻击性，甚至包括对它的丈夫，它会努力压制对方。

这种情况会持续一生，因为侏獴幼崽无论雌雄都永远不会离开家庭的怀抱，即便它们早已成年也不会离开。

父亲坚决反对已成年的孩子生养自己的后代，因为它们的任务是照看幼小的兄弟姐妹：猎取肉食、防御敌害、舔净幼崽，并为其挠痒取暖——其他物种群中母亲的工作全都落在了它们肩上。侏獴母亲除了哺乳外，万事甩手。它总在休息，主要是爱抚、保护、滋养腹中尚未出生的孩子。

一切都要让位于老幺的福祉。因此，侏獴母亲需要最好、最多的食物，上等的床位，绝佳的保护以及最少的劳顿。为了能为孩子争取到这些权益，雌侏獴首领还会欺负自己的丈夫。

从温顺的妻子变成好斗的母亲，在鸡棚中，我们也能观察到这样的身份转换。在育雏期，一只在正常情况下战斗力远不及公鸡的母鸡会作为雏鸡的保护者突然鼓起鸡冠，如泼妇般赶走一切靠近雏鸡的动物。就连傲气的公鸡都将让道避之视为上策。

不过，动物行为学研究者还在母鸡身上发现了一些会给女权主义者泼冷水的现象：一只母鸡越厉害、地位越高，权位越接近公鸡，那么，它的“性吸引力”就越弱。

公鸡们不会向其后宫中魁梧的“妇人”示爱，而大多更喜欢那些地位较低的母鸡。因为这些母鸡会对它做出最谦卑的动作，完全顺服于它，并释放出全部的魅力，只为与它成功交配。此时，公鸡备受瞩目，着实体会到“笼里的公鸡”的感觉了。地位高的母鸡则会因为它们的雄性气概而遭到排斥。

尽管如此，公鸡仍会不情愿地面对“高等阶级”履行自己的雄性义务：短暂、粗鲁且没有感情。但令人惊讶的是，其结果是一大群叽叽喳喳的小鸡仔降生了。产雏数量要远超任何一只来自“低等阶级”的母鸡。后者可都是公鸡花长时间、大力气求偶得来的，且与其交配了数次。这又一次印证了生物活力原则：“性吸引力”其实与生殖能力风马牛不相及。

在此情况下，公鸡多姆普法夫“先生”找到了一种能让婚姻和谐的惊人之法。在发情期开始后，它的妻子便着了魔般地与它嬉戏，毫无缘由地追它啄它。值得一提的是，公鸡此时并不回击，而是表现得如同真正的“绅士”一般。

被啄的公鸡在叫嚷的母鸡面前伸展躯体，摆出标准的求偶姿势，彻底展现出它的美丽与体形。这基本上意味着：“放心地来啄我吧。你一点儿都不会弄疼我，我也绝不会对你造成任何伤害！”和谐的婚姻状态就在此刻降临了。

爱因何而生？

1984 年，以约翰·梅纳德·史密斯（John Maynard Smith）和格雷厄姆·贝尔（Graham Bell）为代表的动物学教授就两性繁殖的优点问题展开了讨论。雄性究竟有什么好呢？从繁殖角度来看，它们并不是必需的参与方。通过分裂、出芽或孤雌生殖均可实现繁殖。

雄性的创造伴随着高昂的代价。雄性的体形通常较大，如果两性动物的数量之比为1 ∶ 1，那么，雄性将会在生存空间内食用掉超过半数的食物。倘若没有雄性，雌性总数将会是现在的两倍有余，并带来多一倍的后代。可是雄性仍被创造于世，这又是何故？

最初，早在数十亿年前，只有单细胞生物生活在地球的原始海洋之中，无雌无雄，所有生物皆为中性，通过细胞分裂的方式繁殖。

后来，多细胞生物也保持了这种生殖方式。若切断水螅的一条触手，伤口处便会长出多条。甚至一节断体也能长成完整的动物。海葵每天都在上演这种通过断肢繁殖的方式：若运动时划过珊瑚锋利的边缘，被割断的那部分触手又会长成新海葵。这是低等动物拥有的特别再生能力。

如果将活海绵——没错，海绵也是一种动物——压扁并过细筛，将其肢解为一个个单独的细胞，这些细胞很快就会长成奇特的个体。通过海绵变形虫模式，海绵细胞聚集成一个个小团，每个团子都会重新长出一个大海绵。

各式各样的出芽式无性繁殖方式由个体自我分裂发展而成："百足"高密度沙蚕的尾部出芽，或突然多倍分裂成许多小块（如许多寄生虫），或用不易蚀的皮膜包裹分离的部位以度过严冬与干旱，如芽球、多孔动物的原芽以及苔藓虫的休眠芽。

不过，在多细胞器官出现之前，大自然还赋予了单细胞生物一种全新的繁殖方法：无性别之分的性行为，比如，纤维素分解者毛滴虫目的鞭毛虫成批地生活在等翅目昆虫的肠道里。

在通常情况下，这种鞭毛虫也可通过分裂的方式繁殖。有时，一只体形较小、前部尖尖的鞭毛虫会跟在另一只体形较大、身体后部圆润的鞭毛虫身后，并完全爬进后者的体内，二者互相交融。它们的繁殖活动首先以个体数量的减少开始，在过了一段时间后，这种由两个个体融合而成的联合体才开始以分裂和生长方式繁殖。

在这种繁殖现象中，我们还无法谈论两性，因为每一个体都能根据体形的大小关系扮演不同的（相当于或雌或雄的）角色。所以，这种个体融合只能被看成没有性别之分的性行为。

但演化史上的一个新里程碑是：除了偶发突变外，祖先也不再是一个供后代完全照其繁衍的模子。两种不同的遗传物质相互融合，产生出全新的个体。

致病细菌间的“经验”分享便是一个例子。这些单细胞生物通常也通过分裂方式繁殖，但有时也会出现两个细菌如两条船般并排靠拢的情况。它们通过细胞壁渗透方式交换基因物质，从而产生一种无性生殖行为。在交换基因物质后，双方又互相分离，各行其道。但它们已不再是原先的细菌体了，其遗传物质已发生了改变。

一种伤寒病菌异于同类，对抗生素已有抗药性，可借由这种方式将它的抗体转移到无数细菌体内。其结果就是：药物不再有效。对单细胞病原体而言，这种“微生物性交”是一个巨大的进步，能使它们快速适应新的外部环境，但这却是医学和药理学所面临的严峻问题。

以水螅为例，我们又能从另一个角度来理解两性：在食物充足、天气温暖的条件下，这种两厘米长的水生动物每年都能以出芽方式进行繁殖，数量翻番。但当水塘中的呼吸产物即二氧化碳浓度过高时，这种气体便成了一种会催生性别分化的“性气”。

二氧化碳会使水螅这种无性动物暂时分为雌雄两类，刺激其腹部外壁上长出巢囊，产生卵子或精子。无性动物会在群体中个体数量过多时变为雄性或雌性。鉴于水蚤数量庞大，已不存在灭绝的危险，它们便有条件享受奢侈的性事。倘若情况再次恶化，水蚤又会重新回到无性状态。

低等动物能一次次地发现纯雌性群体的优点。作为一个物种，蚜总科动物不能也不想灭绝。它们在春夏时节快速繁殖，没有给雄性参与生殖的行为留下一点时间。在这两个季节里，大规模刺吸嫩植浆液的无一例外均是雌蚜：未曾触碰雄性的雌蚜带来的新生命全是雌蚜。

只有到了凉爽的秋日，才有雄性诞生。它们随即可与雌性交配。只有这些“受精胚胎”才能将原本孤雌生殖的雌性转变成卵生动物。它们的卵本身便具有抗寒能力，当所有蚜虫相继死去时，蚜卵却能安然越冬。这种孤雌生殖的变化被称为异性世代交替。

在造物主的巨型实验室中，数以万计、不尽相同的雄性物种经过了检验。

例如，在竹节虫目、叶蜂科、瘿蜂科及姬蜂科昆虫中，雌雄比例可达 1 000 : 1。在一些动物中，未受精的卵只能生出雌性，而在另一些动物中情况则反之。雌性大量过剩期通常会被毫不逊色于此的雄性过剩期所取代。好似这些动物无法确定哪种情况才是它们的更优选择。

蜜蜂和蚂蚁则成功地将此混乱状态引向了正轨。在这两种动物中，雌性只能由受精卵而生，未受精卵则发育为雄性。此外，另有一个社会信号体系在控制着“性别生产”，使诞生的雌雄个体的数量适应当下的群体需求。

“移动树枝”竹节虫的孤雌生殖仅能持续短短几代，然后，雌性后代就会变得不孕。此时，必须有雄性存在，否则种群将会灭亡。在竹节虫和蓑蛾群中可能会出现雄性消失殆尽的情况。在这种情况下，雌性会先通过孤雌生殖只产雄性的方式来解决后代问题，很快，雌虫们就又能与这些雄虫正常交配了。

由此，我们可得出结论：一个物种中最重要、最基本的存在是雌性。在生殖过程中引入雄性的优势何在呢？人们一如既往地热议着这一问题，其原因可能在于，专家们研究的物种不同，其具体情况也相异。

可以确定的是，在鱼类、两栖类及爬行类动物的演化过程中，只有零星的孤雌生殖现象，但未受精卵发育及雌雄同体现象却大量出现，远超两性生殖方式。而鸟类和哺乳类动物却将两性生殖当作唯一的生殖方式加以贯彻执行。

可是，随着雄性的产生，又出现了一个难解的新问题：动物们必须具备新的能力——辨识同类、分辨雌雄、使双方生殖器官同步成熟，独居动物还得将个体间天然的敌意转变为包容与好感。

在两性关系方面，出现了一种特殊的演化现象。从残忍的同类相食式交配到强奸，再到（短暂的）粗暴或温柔的爱情游戏，再到（持久的）爱情与互有好感的现象，动物们或是以一夫多妻的方式较长时间地生活在一起，或是实行一夫一妻制，而其持续时间可能是短暂或季节性的，也可能长达一生。

对个体间关系的视觉上的鉴定工作，最初采取的是林蛙式的简单方式：个头比我大的是敌人，比我小的是猎物，和我一样大的即交配对象。雄林蛙若是在寻找配偶的过程中碰上了另一只雄林蛙，对方就会通过信号声让它知道，而那个冒失鬼就会纠正自己的

“错误”。

蠓科及舞虻科昆虫、合掌螳螂以及一些（而非全部！）蜘蛛也是如此，它们的同类相食式交配很残忍。体形较小的雄性也被纳入了食肉性雌性的猎物清单中。

当一只雄合掌螳螂瞥见了雌合掌螳螂时，它必须缓慢地溜到对方的左后方。它的动作很慢很慢，只有慢速摄影机才能观察到它在移动。任何轻率的动作都将意味着立刻死亡。最后，它得凭借一记跳跃扑向雌螳螂。任何犯规动作都等同于让自己成为雌螳螂的腹中美餐，但就算正中靶心也会落得同样下场，只不过死刑会分为几个步骤。一旦雄螳螂摆出交配姿势，雌螳螂就会咬下其头部，交配动作将由雄螳螂其余的肢体以条件反射性的行为来完成。末了，雌螳螂还会将自己的夫君全部吃下。

温带臭虫的交配活动几乎就是一场谋杀。雄臭虫将刺戳进雌臭虫背部的任意位置，在伤口处射精。精子通过血液循环抵达生殖器官。有时，这一刺甚至会夺走雌臭虫的生命。

雄龟会定期逼迫雌龟交配。蛙科和蟾蜍科动物、刺豚鼠、绿头鸭、小嘴乌鸦及其他一些动物也有类似的习惯。由于强奸是一种无须佳偶选择就能达到目的的方法，雌性也很早就掌握了一些反制措施。

例如，豚鼠科动物中的雌性在第一次交配后，多余的精子会形成所谓的阴道凝块，阻碍下一次交配。春天时，一只雌松鼠常常受到多只雄松鼠的共同追求。由于被追求者有一条“贞洁带”，所以它只对自己感觉舒服的伴侣开放。雌松鼠会将自己长而毛发浓密的尾巴卷到肚子底下，盖住阴道口。

一只雌家鸽也许已遭到了强奸。可没有提前几天的求偶，它绝不可能产卵。因为，家鸽的卵巢只有在求偶的过程中才会发育成熟。在一只遭陌生异性强奸的雌家鼠体内，胚胎会重新溶解为体液。

在两性关系中，由雌性占主导地位的雌性选择原则就是在此基础上形成的。诸多鸟类极其守规，如草原松鸡等一些松鸡、黑琴鸡、流苏鹬、北非石鸡，孔雀、极乐鸟、造亭鸟等也会践行。当地几乎所有的雄鸟几十、上百只地聚拢在竞技场周围，只为在雌鸟面前进行“选美比赛”即求偶仪式。不过，在所有参赛者中只有一位或少数几位才华出众者才会被雌鸟相中。

这种情况曾令鸟类学家陷入长期的困惑之中。若雌性不选择最强的异性，而偏爱外表最为华丽的雄性，优者生存的模式便会导致雄性长出越发伟丽的羽毛，拥有越发鲜艳的羽色。这些对生存之战越发无用且越发危险的装饰物难道不会将它们带入演化的绝境，并导致物种灭亡吗?

具体研究表明，这种择偶方式其实也关乎“生存之道”。最美丽的个体总是最年长的那些。既然它们已顺利存活至今，其必然拥有特别的生存能力，也值得继续繁衍。

类似的趋势还导致了集体或区域性求偶现象的出现，以及产生了所谓的求偶助手和“伴郎”。如此一来，火烈鸟便无法在事先缺少大规模集体舞蹈仪式的情况下交配。为了将雌火鸡吸引过来，野生雄火鸡必须集中利用雄性之美。一只雄火鸡在展开它那华丽、火红而丰满的弧形尾羽后，还需两三个兄弟开屏陪伴，才能在雌火鸡中获得机会。

岩羚羊首领有若干求偶助手，后者必须在雌羚羊面前克制自己。

而亚洲水牛在拜访雌性时若是没有一两个伴郎陪同甚至会丧失自己的权势。

这些极端案例向我们展现了求偶在动物爱情游戏中所具有的重要意义。如果一些动物的求偶方式十分粗鲁，如北方塘鹅的“棍棒式”求偶法及犀牛和熊的恐吓式求偶法，那么，在演化的过程中，这些最初的蛮力较量就会以越发游戏化的方式转变成为较温柔的相处模式。

比较特别的是，在几乎所有动物的求偶仪式中都能找到消解攻击性的行为元素：力量更强的雄性在胆怯的雌性面前装得像个无助的乞食孩子。抑或，雄性用和平信号来缓和求偶气氛。康拉德·洛伦茨教授将这种信号的含义概括为：“我强壮而令人生畏，但这仅针对敌害，而非你！”这种方法在雌性那里极为奏效，能令雄性吸引力倍增。在求偶仪式中，最好避免发出性信号。

除了看似无意识的本能反应外，一些动物已经表现出了有意识的接近策略。雄努比亚野驴在草原与荒漠的过渡地带拥有一大片交配领地，并且必须在此等待雌野驴自愿出现。为了避免将雌驴吓跑到相邻对手的地盘上，雄野驴只能抑制住自己的攻击性，取而代之的是友善的态度。但在动物园的笼中，任何一头雌驴都无法摆脱雄驴。此时，雄驴便会将一切礼节抛之脑后，用残忍的方式强暴雌驴。

总的来看，凶悍程度在建立两性关系时起到了决定性作用。雄性强壮而好战，同种的雌性就会表现得温和而顺从。两性间的这种性格差异为一夫多妻制创造了基础条件。若情况相反，出现的则是一妻多夫制。在后一种情况下，雄性们成了质朴的“家庭妇女”和保育员，而雌性则是衣着华丽的君王和武士。在自然界，一妻多夫现象极为罕见，只出现在三趾鹑科、彩鹬科、雉鸻科动物以及小嘴鸻、红颈瓣蹼鹬、灰瓣蹼鹬等群体中。

凶悍程度也是动物适应环境的结果，栖息地、天敌、觅食方式及自身的种群动态都会对其造成影响。所以，一种动物及其中两性的凶悍程度也是决定两性间交配方式的一种因素。动物演化遵循的并非高度发达的道德模式，而是以实用性为重的准则。

长臂猿严格的一夫一妻制与青潘猿狂放不羁的混交方式截然不同。从整体上看，就像从鱼类到更高级的哺乳动物的演化阶段，结偶行为中的阶段性进步方式都体现了对物种延续的积极意义。

从两性为了交配而短暂生活在一起的非婚情况过渡到终身的一夫一妻制，也只是动物们对影响生活的各种因素的适应结果。

短暂或季节性的婚姻是这一演化过程的第一阶段：在雄性动物必须喂养和保护幼雏的情况下，雄性就会一直待在雌性身边。但一旦幼雏有了独立生活的能力，配偶双方就劳燕分飞，再不相见。

第二阶段是循环往复的季节性单偶制：在下一次繁育期到来时，此前分别了一年的双方会再次相聚。在狮子和企鹅群中也有这种准则，但也会出现不忠现象。

择偶过程费时费力，旧偶的团聚则能免去一场新的折腾。而且，往日的幸福婚姻还能保证交配和谐。在此基础上，双方还能顺利地将尽可能多的孩子抚养长大。约翰·库尔森利用三趾鸥的例子指出：因婚内矛盾而未能完成孵化的夫妇在来年定不会聚首，而往年繁殖顺利的配偶则会定期重逢。

此时，超越性吸引力的性格黏合力（类似于亲和感）在婚姻和繁育关系中起到了重要作用。

有些动物因对筑巢地的感情而踏上了一条迈向季节性单偶婚的道路，如云雀和白鹳：到了新的繁育季节，配偶双方在旧时的巢穴旁相聚，但婚姻伴侣可随意更换。我们将其称为“地点式婚姻”。

养育幼雏所需的时间越长，季节性婚姻也就维持得越久。帝企鹅夫妇每年甚至有 309 天在一起度过，在它们再次相聚前，只能享受 56 天的“婚姻假期”。

如果后代的成长需要双亲整整一年乃至更长时间的照料保护，这便会催生出终身制的一夫一妻关系，正如我们之前所举的灰雁及诸多其他鸟类的例子那样。

孩子是维系双亲婚姻的黏合剂——对动物而言定是如此。

由一夫一妻制的演化史可知，动物的婚配形式在很大程度上已在遗传物质中固定了下来。但在雌性过剩的情况下，少数有着单偶婚基因的动物也会过上一夫多妻制的生活。

在日本猕猴中，有一些弥漫着自由恋爱之风的猴群；也有着雄性奴役雌性的猴群，它们在整体上隶属于一个父权体系之下；而在其他一些猴群中，雌猴团结一致，形成了强大的母系家族，从而打破了雄性的统治地位。

在人类社会中，婚姻形式是一种文化的产物，上述例子已处在动物婚配向此发展的过渡阶段了。更高的智力水平，摆脱本性桎梏的魄力，以及吸取教训、一隅三反的能力可能是人类婚姻的几个先决条件。

以此来看，从青潘猿那种相对混乱的多偶制能发展出人类种类多样的婚姻形式：不过，我想说的并不是那些时常因外遇、三角关系、争吵、疏远或离婚而腐化的婚姻，而是在极端富有或贫穷情况下出现的后宫现象，其他形式的一夫多妻制、一妻多夫制、父权制、母权制，以及其他各式各样的婚姻形态。

不过，终身制单偶婚远胜其他各种婚配方式。从生物学角度来看，其原因只能是：一夫一妻制是最适合生活实践的婚姻形式，哪怕我们都知道让人类从一而终绝非易事。*

* 作者此处关于终身性单偶婚优于任何其他形式的婚姻的观点，与他在其他书（如专门探讨两性关系及其演化的《相杀相爱：两性关系的演化》一书）中所表述的观点并不一致。实际上，动物与人类的各种婚姻形式皆有相对于特定自然与社会环境乃至生物本能的适应性与合理性。脱离具体的自然与社会环境及生物本能，无条件或抽象地谈论婚姻形式的优劣是不可取的。这是读者们在阅读本书时应该注意的。——主编注

附录

动物们的生存能力与两性关系

——《求生与求偶：动物与人类的相通性》导读 *

赵芊里

（浙江大学 社会学系 人类学研究所，浙江杭州 310058）

通读全书，我们可以发现，作者在书中讨论的主要有两大话题：一、动物们的生存能力；二、动物们的两性关系。在这两大话题中，又各包含了一些小话题：在第一方面的话题中，包含了动物们的谋生、逃生、御敌、再生、繁殖、发明、感知、认知、情感、审美等能力的话题；在第二方面的话题中，包含了动物们的婚姻、性关系、两性地位关系、专情与滥情等话题。下面，就让我们来对分属上述话题的书中内容做一个概述。

一、动物们的生存能力

1.1 动物们的谋生能力

关于动物们的谋生能力，本书中所讲的主要是一些动物怎样为过冬而**采集与储存食物**的行为及能力。

---

* 本文为浙江大学文科教师科研发展专项项目（126000-541903/016）成果。

例如：**松鼠**若想活过冬天，就得在下雪天到来前找来数万颗坚果、橡子、冷杉果和松球，并囤积在储藏室内。在秋天的3个月里，除日常觅食外，它们每天还要额外工作约5个小时。它们平均每3分钟就能找到并储藏1颗果实。松鼠还能根据重量、气味等来辨别果实是否空心、腐烂或有虫蛀，由此避免无效劳动，提高效率。松鼠的储粮室有废弃的鸟巢和树洞，还有自挖的地洞；在白雪覆地的冬天，一只松鼠居然有办法找到上万个储粮点中的食物！

生活在北极圈内的**白鼬**主要以旅鼠为食。白鼬必须在秋天捕捉并储藏旅鼠。它们居然能自制防腐剂来保鲜鼠肉：白鼬在捕食乌鸫后，其尿液就会变成一种超级防腐剂，沾上尿液的旅鼠肉可在雪窖里保鲜好几个月！

鼹鼠到了冬天就待在洞里休息，在隐居前，它们要找到能吃4个月的食物，即1 000~1 400条总重约2千克的蚯蚓。它们的储食方式是：咬下蚯蚓的前半段，这样，后半段依旧存活、可新鲜食用，又不会逃跑。

为了过冬，**原仓鼠**会收集多达15千克的谷物，并将谷物储存在专门的粮仓中。

关于动物们的谋生能力，作者在本书中还谈到过一种绝大多数动物都没有的、人人都会羡慕的谋生能力——靠体表叶绿素合成糖分获得营养的能力：囊舌类海蛞蝓背部绒毛中储存的叶绿素在阳光照射下会产生糖分，成为其在找不到其他食物的情况下维持生命的食物。

1.2 动物们的逃生能力

关于动物们的逃生能力，作者主要讲到了以下几种特别的逃生方式和能力。

1.2.1 断肢逃生：当壁蜥发现喜鹊来袭时，在其飞抵己身前，壁蜥就自断了一小截尾巴。当喜鹊忙着吃那段尾巴时，壁蜥就赶忙逃跑了。而蜥蜴的断尾部分是会重生的。

与蜥蜴相似，某些蟹在遇上食肉动物时也能以断螯求得逃生机会；同样，蟹螯也会重生。

1.2.2"装死"逃生：当天敌蛇靠近时，老鼠的身体会立即变得僵直，像死了似的一动不动。实际上，老鼠是因为害怕而陷入了被催眠的僵直状态。但这种类似于装死的效果却能给老鼠带来逃生机会，因为蛇眼只能看到运动物体而看不到静止物体。若老鼠在多分钟内都不动弹一下，那么，蛇就会因为看不到猎食对象而离开，老鼠就可因此而得救了。

1.2.3 走水逃生：双星隐翅虫主要生活在湖边。当在岸上遭到蚂蚁的攻击时，它会拔腿跑到水面上，像个轻功大师一样在水面上行走，而不会下沉，因为它的6只脚下都各有一个气囊垫。这样，(通常不会游泳更没有走水能力的)蚂蚁就被它晾在了岸上。

1.3 动物们的御敌能力

关于这方面的内容，作者主要讲了一些普通大众难以想象但在动物世界中却真实存在的御敌方式和能力。

1.3.1 水淹会浮水的敌害：双星隐翅虫不仅会走水避敌，还有办法让会浮水的敌害淹死在水中。当双星隐翅虫在水面上遇到水黾时，它立刻就会将后腿上分泌的一种化学物质喷到水面上。一瞬间，水面张力减小，黾群下沉，全军覆没。而它自己则可借助周围溅起的水花冲浪逃离张力减小的区域。

1.3.2 用“胶水”炮粘住敌害：鼻白蚁兵蚁头部有一根胶管。在遇上敌害时，兵鼻白蚁可通过象鼻状的“炮管”向敌人喷射一种黏稠并且气味难闻的液体，从而将其粘在原地。

1.3.3 用“催泪弹”解除敌害的战斗力：学名为椿象的放屁虫后腹有个可旋转的喷射管。在遇到敌害时，放屁虫会将喷射管口瞄准敌害，用酶点燃爆炸腺内由过氧化氢、对苯二酚和邻甲基对苯二酚组成的炸药，喷出温度达 100 摄氏度的气体“催泪弹”，使敌害丧失战斗力，并让自己有机会逃走。

1.3.4 用臭气弹赶跑敌害：在遇上敌害时，臭鼬能喷出射程达 5 米的气味十分难闻的液体。在被喷上这种液体后，食肉动物就会因臭气熏天而吓跑很大范围内的猎物，因而只好挨饿。凭着臭气弹，臭鼬几乎能赶跑所有食肉动物。

1.3.5 用毒气弹毒杀敌害：千足虫全身毛孔都能释放出剧毒气体：浓缩氢氰酸或氰化钾。在进攻时，毒液就会从毛孔中渗出并在壳质表面上蒸发为毒气，处于毒气圈内的蚂蚁如不赶紧逃便只有死路一条。

1.4 动物们的再生能力

前面关于动物们如何逃生的内容中已提到动物的肢体再生能力。下面，就让我们来更充分一点地展开这一话题。

1.4.1 眼睛再生：眼睛是很复杂精密的器官，高等动物的眼睛是无法再生的，但蛙类和虾类却是连眼睛都能再生的。例如：蝌蚪（蛙类幼体）头部遭到食肉鱼攻击因而失去双眼后，不久，它们就会重新长出眼睛。同样，蝌蚪的腿也能重生。

龙虾若失去柄眼，那么，新眼就会在它下次换壳前重新长出来。

1.4.2 脑袋再生：涡虫甚至连脑袋都能重生，若将涡虫的头部切下，那么，几天后，新脑袋就连同嘴巴和眼睛一起重新长了出来。

1.4.3 全身再生：水螅甚至全身都能再生，因而成为地球上再生能力最强的动物。无论用什么方法将水螅断成多少个部分，这种动物的每一个片段都会重新长成一只完整的水螅！

1.5 动物们的繁殖能力

关于动物们的繁殖方式和能力，作者对之阐述得最详细的是在其《相杀相爱：两性关系的演化》一书中。在本书中，作者也论及这方面的内容，但不太全面也比较简略。

1.5.1 无性繁殖方式和能力

地球上最早的生物是海洋中的单细胞生物，它们无性别之分，以细胞分裂方式繁殖。

原始动物也采用自我分化方式进行无性繁殖。例如：若海葵在游动时被锋利的珊瑚边缘割断触手，那么，触手就会长成新的海葵。海绵在被分解为一个个细胞后，每一个海绵细胞都能长成新的个体。海绵细胞会聚集成小团，每个团子会重新长成一个大海绵。水螅的任何一个碎片都能重新长成一只水螅。

有些动物能像某些植物一样以出芽方式进行无性繁殖：个体身上长出芽状突起，芽状体成熟后脱离母体即成为新的个体。例如：

沙蚕就会以尾部出芽的方式繁殖。苔藓虫会长出有皮膜包着的芽状突起，这种芽状突起与母体分离后就成为随波逐流的休眠芽；休眠芽在遇到合适的环境条件后就会长成新的苔藓虫个体。

1.5.2 孤雌生殖方式与能力

孤雌生殖即能长出卵子的动物以非受精卵直接发育成个体的方式来繁殖后代。与体细胞（即使是可以用自我分裂的方式实现繁殖的体细胞）相比，卵子作为专门的生殖细胞的一大优势是：可在严寒中安然过冬，且在遇到合适的气候与营养条件时便会发育成一个动物个体。

许多较低等动物都采用孤雌生殖的方式。例如：岩蜥蜴和鞭尾蜥蜴都采用未受精蛋直接发育的方式繁殖，由此诞生的个体全是雌性。再如：在春夏时节，蚜虫大量繁殖，但这时的蚜虫（无论是母代还是子代）全是雌性，它们的繁殖并没有雄性参与。但到了秋天，由孤雌生殖产生的子代却是雄性，这些雄性发育成熟后又可与雌性交配，从而出现两性生殖。由此，从总体上看，蚜虫采用的是孤雌生殖与两性生殖轮番交替的方式。

之所以会出现孤雌生殖与两性生殖的交替，是因为对大多数有孤雌生殖能力的动物来说，连续多代采用孤雌生殖方式会使后代变得不育，因而需要以两性生殖来重新激活生殖能力。

雌性可以孤雌生殖，而雄性则不能（近年来，已有科学家发现孤雄生殖的案例，但这种孤雄生殖仍然需要一个去除了雌性基因的空壳卵细胞来作为发育的基础，因而仍然称不上是完全独立的孤雄生殖）。即使在两性生殖中，后代的基因中来自母亲的总是多于来自父亲的［因为在卵细胞中，除细胞核具有与精细胞对等的基因外，细胞质中还含有同样会遗传给后代的线粒体 DNA（脱氧核糖核酸）]。由此，作者认为：**一个物种中最重要、最基本的存在是雌性**。

1.5.3 两性生殖方式与能力

与孤雌生殖相比，两性生殖的一大优势是：每一个受精卵所包含的两性基因及其表达都彼此有所不同，因而，每一个后代的生物性状都彼此有所不同（除同卵双胞胎或多胞胎外）；由此，可增强后代整体对多变环境的适应能力，从而使物种较易在多变环境中保存下去。在较高等动物中，鸟类和哺乳动物普遍采用两性生殖方式（偶尔也有或可诱发出孤雌生殖现象）。或许是因为两性生殖是人类自己也采用并熟悉的生殖方式，本书中对这种生殖方式未做详细介绍。

1.6 动物们的技术发明能力

在本书中，这方面的内容不多，但令人称奇并富于启发性。

1.6.1 老鼠的发明能力

老鼠用尾巴钓螃蟹：在南太平洋中，有些老鼠会坐在一块环礁石上，将尾巴垂入水中，等有螃蟹夹住尾巴时，它们立刻就将螃蟹拉上岸并吃掉。

老鼠发明食物保鲜法：当用尾巴钓上来的螃蟹超过自己的食量时，有只老鼠就会只啃掉蟹腿，而将只是肢体残缺的螃蟹鲜活地在储藏室内保存多日。这种保鲜法很快便在老鼠之间流传开来。

老鼠用幼鼠做食物毒性试验：若鼠群在领地中发现看似可食用的以前未食用过的东西，它们会先让幼鼠尝一下。若其在几天后死亡，别的老鼠就会在被证明有毒的东西上撒泡尿，用以标记毒性，此后便再也不会有老鼠去碰它。老鼠中的这种固定的试毒程序大大地降低了集体中毒的危险。

1.6.2 青潘猿发明树屋和雨篷

在森林中，青潘猿每晚都会在树冠中做窝就寝。它们会将四周的枝条向下弯曲并使之互相缠绕，以形成一个较平整的平面，还会在其上再铺上一些细嫩枝条，从而形成一张具有席梦思性质的较柔软的床。在几内亚，有一晚，有一对青潘猿母女在同一棵树的不同高度上做床就寝；晚上下雨时，未成年女儿向下跳进了母亲的“房间”，并发现它们在下一层“房间”都不会被淋湿。自那时起，该区域中所有的青潘猿每到雨天都会在“屋”顶上方做一个雨篷。

1.7 动物们的超常感知能力

在本书中，作者所讲的动物们的感知能力主要是一些人类没有或很微弱因而相对于人类来说显得超常的感知能力。

1.7.1 某些动物对大气电压的感知能力

在一套“三居室”房中，一间被通上了高压电，一间屏蔽了所有大气电压，一间保持有自然条件下的大气电场。房中的小白鼠们可自由选择自己想要停留的房间。实验发现：每只小白鼠都选择在高电压环境中进行高强度的活动，如进食、喝水、玩耍；而在需要安睡时，它们则会选择自然大气条件下的场所。可见：老鼠对不同的大气电压有着不同的舒适与否的感受，并会由此做出有针对性的具体反应。

以人为被试的实验表明：在被屏蔽了大气电的隔离空间（如汽车、钢筋混凝土建筑）中，人对刺激的反应速度和注意力集中程度明显低于在自然大气电条件下的相应速度和程度。这表明：人对大气电实际上也有一定反应能力，只是人们对此通常都不自觉，因而常常忽视了缺乏大气电对人类身心健康和行为效果的负面影响。

1.7.2 某些动物对大气磁场的感知能力

白蚁能感知到太阳黑子对地球大气的猛烈喷发所产生的大气磁场的变化：当太阳黑子数上升时，白蚁的饥饿感最弱因而食量大减；反之，则白蚁的饥饿感最强因而食量猛增。

大气磁场的变化实际上也会影响人的身体、思维和行为（如：磁暴会导致事故发生率的提高），只是人们对此通常都不自觉。

1.7.3 某些动物对万有引力的超灵敏感知能力

视觉功能退化的白蚁能凭借自己对万有引力的超级敏感性来确定方位——确定自己与太阳、月亮、蚁穴等的相对位置，从而准确无误地寻觅和搬运食物，发现并抵抗敌害。这是人根本就做不到的！小小的白蚁居然有这种不可思议的定位能力，令人不能不拍案称奇！

1.7.4 某些动物对雷电（云中高压电）的预感能力

在雷雨将临之际，三匹马及三个骑手跑到一棵孤零零的大树下躲雨。不久，那些马开始焦躁不安，接着又跑离大树。几秒钟后，一道闪电劈开了那棵大树。在这个例子中，显然是马所拥有的雷电感应能力救了它们自己及三个骑手的命。

1.7.5 某些动物对地磁的感知能力

金龟子在冬眠时肯定是精确地顺着地磁南北极或东西方向躺着的。如果被人为地改变方向，那么，金龟子就会从冬眠中醒来，将体位重新调整至“正确”方向，然后重新入睡。

跟金龟子一样，白蚁也是“活的磁针”，它们躺着时头尾总是东西向的；在被人为改变方向后，它们同样会将体位重新调整到东西向。这些事实证明：白蚁是能感应地磁方向的。

鸟类有三种导航系统：太阳罗盘、星体罗盘和磁场罗盘。在看不见太阳和星星的情况下，鸟类就会采用磁场罗盘来导航。

海洋中也有许多动物（如海鳗）能感应地磁方向并借助磁场罗盘来确定航向。

研究已发现某些动物（如鸟类）的体内带有极小的条形磁铁，也证实了海豚大脑中有几个立方毫米的磁性物质。这证明：某些动物体内的确是天生就配备了磁场感应器的。

1.7.6 某些动物的地震预感能力

猫、狗、马、野鸡、蚂蚁等动物都会在人能感知到的地震发生前的一段时间（从几秒、几分到十几分钟乃至更长时间）中，以嚎叫、冲向屋外或涌出地面等方式向人类发出警告。

震动感最灵敏的是鱼类。某些鱼可感知到比测震仪所能测到的最小震动弱十分之九的震动。一旦感受到地震前的微震，鲇鱼就会快速从水底冲向水面，从而免受水底强烈震波的伤害。

1.7.7 某些动物的气象预报能力

对某些动物（如蛙类）来说，春困其实是对倒春寒的一种预报机制，它引导着动物们重新进入洞穴，以避免受到即将到来的严寒的伤害。由此，春困是某些动物的一种“内置气象站”。

生活在沙漠中的沙漠蝗虫和跳羚体内也有一个“内置气象站”，这个“气象站”会告诉它们在几百千米外的什么地方将会下一点零星小雨；于是，它们就会向那里进发。

1.8 动物们的认知能力

在本书中，涉及动物认知的内容不多，作者主要谈到了动物对敌害和死亡的认知。

1.8.1 动物们对天敌的天生的认知能力

许多事实证明：动物们对天敌有着天生就有的大致印象，一旦感知到与先天的天敌模式相似的事物（无论它是真天敌还是只是与之相仿的东西），它们马上就会做出逃跑反应。这种无须后天学习的天敌识别能力是物种在长期的生存实践中演化出来的，它对物种的保存有着极为重要的意义。如果其中的每一个个体都要在被天敌所伤害后才认识天敌，那么，这一物种就很难保存下来了。

1.8.2 某些动物对死亡的认知能力

在象群中，在有同伴死亡后，在几天内，其尸体会受到群体内其他成员的保护，以免被肉食动物所吞食；它们甚至还会举行一定的与人类的悼念活动极为相似的仪式。几天后，象群还会用泥土、草块和树枝将死去的同伴的尸体掩埋。由此可见：大象是对死亡有所认知的动物；否则，它们不可能做出守护并埋葬尸体这样的事情。

在整个动物界，有着对死亡的认知能力的动物不多；迄今，有充分证据显示具有死亡认知能力的动物除大象外还有青潘猿和海豚。

1.9 动物们的情感能力

心电和心率检测结果表明：动物们（如狗）也有情感，且其情感强度比人类的高出许多。

1965 年，美国科学家文森特·德蒂尔发现：连昆虫也有爱、恨、痛苦、害怕等情感。实验表明：昆虫受伤后，体内马上会释放出激素等物质并且这些物质会进入血管，而这类似于人体在情绪剧烈波动情况下的反应。若蜜蜂被抓并被囚禁，因紧张而产生的一种化学物质很快就会流入其血液，使其惊恐万分；若不将它放生，它就会在几小时内因紧张而死去。

由此，那种流传已久的“情感是人类特有的”的观点其实是不成立的。

对熟悉动物生活的人（如猎人、动物饲养者、动物学家等）来说，动物们也有情感其实是一种常识，用一些检测结果来证明这一点不过是使这种常识科学化而已。否认非人动物也有情感，有时是因为无知，有时却是有些人对自己残酷对待非人动物之行为的一种有意辩护：如果动物们没有情感可言，那么，人类就可毫无顾忌地虐待乃至残杀动物。

动物行为学主要创始人、诺贝尔奖获得者康拉德·洛伦茨认为：动物们绝不是只有刺激–反射现象的机器，它们的行为受无数本能的控制。不同于刺激–反射的是，本能行为的模式是刺激–情感–反应。除反射行为和受理智控制的行为外，人类与动物的大多数行为其实是由情感推动的。

基于“**动物们也有情感**”这一认识，我们内心的道德意识就会告诉我们：要将非人动物看作也知冷暖苦乐的生命体，要善待并保护动物，而不能虐待动物，更不能滥杀动物（即使有时不得不杀动物，也应该尽可能采取较为人道的方式）。

1.10 动物们的审美能力（美感的起源、美的生物学意义）

让我们先来看一个真实的故事：德国动物学教授伯恩哈德·伦

施将几幅抽象画交给德国明斯特大学的现代艺术专家评鉴，结果如下："画面体现了极为出色的节奏感，图形与用色充满动感并十分和谐。"事后，教授才透露：那些画是青潘猿刚果和卷尾猴巴勃罗画的。

猿与猴的画作能得到人类艺术批评家的赞赏，这表明：某些非人动物也是具有一定审美与创造美的事物的能力的。更多的相关研究证明："审美的初级阶段在动物世界中就已经初现端倪。"

1.10.1 鸟类的审美能力

许多鸟（如夜莺、乌鸫、云雀、鹪鹩、鹡鸰、金丝雀等）以歌声求偶。只有歌声最动听的雄性才有机会被雌性选中。对某些鸟来说，唱歌能力差就意味着丧失交配权、领地据有权及无能御敌；所以，这些鸟是比人类更好的抒情歌者。

研究表明：有些鸟在歌曲中表现出了比人类更强的节奏感和旋律性以及更准确的音调。

有些鸟能学会唱人类的歌曲（如《小汉斯》《哦，圣诞树》等）。还有些鸟在学人声时能将原本音乐性不强的人类的哨音转变成音乐性很强的曲子。由此，作者认为：有些鸟在音乐方面的才能尽管比不上卡拉扬，却远远超过许多平常人（甚至一部分人类音乐家）！

另一些鸟以舞蹈求偶。例如：绿头鸭会举行集体求偶仪式。雄鸭们按一定程式有节奏地跳着舞，雌鸭们则围圈观看。只有跳出完美舞步的雄鸭才能得到雌鸭的关注并与之交配。

还有一些鸟（如孔雀、锦鸡、极乐鸟等）以羽色求偶。它们会定期举行选美比赛：雄鸟们竞相展示华丽的羽毛，并配以有韵律的舞蹈，以便围观的雌鸟们选出最美的"男子"。赛后，有机会与雌鸟交配的都是人类眼中同样也是雌鸟眼中羽色、体形和舞蹈动作最美的雄鸟。

另一部分鸟则以优美乃至壮丽的鸟巢求偶。例如：造亭鸟能借助树干和树枝建造出高达 3 米的塔形鸟巢（按比例算，相当于 80 米高的人类建筑），还会用许多色彩艳丽的东西（浆果、彩石、羽毛等）来装饰自己造的亭子，甚至还会以树皮为刷子给亭子刷上自制的油漆。

这些事实表明：鸟类显然具有（对事物形式的）审美能力。至少在求偶时，鸟类会表现出明显的对美的欣赏与追求。

1.10.2 猿猴的审美能力

与鸟类相比，作者认为：灵长目动物（猴与猿）的审美能力向前迈进了一大步。它们能够将由情感所激发的一些信号抽象成一般的形状，能作画并有形式上的比例均衡概念。猿类的绘画作品并不限于抽象画，它们也能创作简洁的写实作品（如画出一颗草莓、一只猫或一只鸟）。有证据表明：猿类还会像人类一样欣赏（食物和异性等以外的）实用性不强的事物。例如：在突然面对夕阳时，青潘猿会长时间地静静地凝视着落日和晚霞，以至于忘了刚采集到的食物。

1.10.3 动物们的审美能力的起源

关于这一点，要而言之，作者认为：动物们的审美能力起源于性选择。（至少，动物们对异性的）审美能力是本能的。

1.10.4 美的生物学意义

对不熟悉野生孔雀及其在原产地的栖息环境的人来说，雄孔雀巨大艳丽的尾羽似乎除了好看就别无用处，甚至，从易招引敌害且不利于逃跑的角度看，对其自身是有害的。但研究表明：在其原产地印度的栖息环境中，雄孔雀华丽的羽毛其实是一种理想的伪装，而且，其羽毛的艳丽程度实际上也是个体的攻击性和战斗力的表征。由此，雌孔雀以羽色的华美作为选择交配对象的标准所导致的实际结果是选择了最强壮的异性，从而也即为后代选择了最佳雄性基因。动物的形体、线条和体表色泽、声音及其旋律和节奏等形式的美，实际上都是动物个体的生存能力、对异性的吸引力、基因等方面的生物优势性的表征。可见：**动物的形式美是具有生物学意义的**！这种生物学意义，要言之，即**动物的形式美是生物优势性的表征！**

二、动物们的两性关系

动物们的两性关系包括婚姻关系也包括非婚姻的性关系。先来看婚姻关系。

2.1 一夫一妻制

除少数动物（主要是鸟类，如牡丹鹦鹉、丹顶鹤、灰雁、秃鹫、垂耳鸦）中存在**终身的一夫一妻制**外，动物中的一夫一妻制大多是只**维持一个繁殖期**（从求偶、交配、生崽到将幼崽抚养到能自食其力时）**的一夫一妻制**。到下一个繁殖期，原来的夫妻双方都会各自寻觅新配偶。例如：在狮群中，一雌一雄在一个繁殖期内保持一夫一妻关系。但在下一个发情期到来时，雌狮多半会跟另一头雄狮跑了。

狮子的一个繁殖期达两三年之久，因而，它们的一夫一妻制已经算是较为持久的了。而许多鸟的一个繁殖期通常只有几个星期，因而，它们的一夫一妻制其实是相当短暂的。

在人科动物（猿类）中，只有长臂猿普遍实现固定领地中的一夫一妻终身制，长臂猿夫妻常年都不让配偶离开自己的视线半步，因而也就彻底切断了外遇、多偶的可能性。但若夫妻中有一方失去生育能力，那么，另一方就会寻找更年轻的配偶，直到后者也步入老年期，并同样遭到替换。这就是长臂猿中的**连环更替式的一夫一妻制**。

2.2 独夫独妻制

独夫独妻制是一夫一妻制的一种特定形式，这种婚姻的特点是：在**一个动物群体中只有一雄一雌两个个体才有结婚和生育权**，其他个体则都无婚育权，而只能充当群体中唯一一对夫妻的婚育生活的服务者的角色。例如：在狼群中，雄性和雌性会分别决出地位高低。只有两性中地位最高的个体才能彼此结合，而其他的狼都只能作为狩猎和育儿的助手。若头狼（因年事已高等原因而）变得昏庸无能，那么，它就会遭到仍旧健壮的妻子的驱赶。这时，身为群中老二的公狼就会成为母狼的新配偶、狼群的新首领。等到身为狼后的母狼年老体衰时，尚身强力壮的头狼就会与较年轻的母狼结婚；等头狼衰老时，它又会重演它的前任的故事。这就是狼群中的连环式独夫独妻制。

侏獴群也实行独夫独妻制。只是，与狼群不同的是：侏獴群是雌性做首领的母权制母系社会，雌性首领的唯一配偶即雄性中的地位最高者则是其副手。

2.3 一夫多妻制

在大多数动物尤其是哺乳动物中，最常见的婚姻形式是一夫多妻制。在食物较易得、雌性无须雄性帮助抚养幼崽的情况下，动物们就比较容易倾向于这种婚配模式。

例如，在哺乳动物中，海狮实行的是后宫式的一夫多妻制：在作为繁殖基地的海岛岸边，雄海狮会先占据一块领地，而后，向进入领地的一些雌海狮先求爱、后结婚，构成后宫式的一夫多妻制。若性交频繁，那么，一夫就易被多妻耗尽体力，因而易被别的雄性所取代。

2.4 独夫多妻制

独夫多妻制是一夫多妻制的特定形式，即在存在多个雄性和雌性的群体中，地位最高的雄性独霸群雌而其他雄性则无婚育权的婚配制度。例如：高角羚群通常由几只雄羚和十几只雌羚组成。在高角羚群中，只有地位最高的雄性可独霸群雌，其他雄性则只是头羚的仆从和卫兵，没有交配权。但一旦头羚显出衰老迹象，其雄性部下就会造反：轮番对它发起进攻，直到它认输逃跑或被杀害。

2.5 一妻多夫制

先来看一个实例：印度有一种叫林三趾鹑的鸟，其中的雌性比雄性更大更壮，羽毛更美艳，攻击性也更强。当雌鹑展开华美的羽毛、跳起具威慑性的舞蹈时，雄鹑只能谦卑地慢慢靠近，而后平趴在雌鹑面前。只有当雄鹑恭顺地服从雌鹑时，“女汉子”才会弯下身子，以便交配。雌鹑游走在几只雄鹑之间，是雄鹑们的共妻与共主。在林三趾鹑“女权至上”的母系社会中，雌性的任务除了生蛋就是保卫领土，而雄性则要承担全部家务：筑巢、孵蛋、觅食、育雏。

在动物界，一妻多夫制是罕见的。在鸟类中，一妻多夫制主要存在于三趾鹑、小嘴鸻、雉鸻、彩鹬、红颈瓣蹼鹬、灰瓣蹼鹬、中华水雉等群体中。研究表明：这些鸟都是近亲物种。在海洋动物中，银线小丑鱼也实行一妻多夫（八夫）制。在人类社会中，一妻多夫制同样罕见但也存在；目前已知存在一妻多夫制的地方有印度南部马拉巴尔地区、太平洋中的波利尼西亚等。

2.6 无婚姻制

2.6.1 独居动物中的无婚姻制

除发情期外，孤身生活的独居动物（大多是大型食肉动物，如虎、豹、鹰等）无所谓婚姻。例如：野兔只有在发情期才会去寻觅同种异性，并在交配后立即分开。在此外的时间中，野兔都在自己的领地中孤身独处，排斥无论雌雄的同种个体。

2.6.2 群居动物中的无婚姻制

有些群居动物（如黑琴鸡、流苏鹬、牛羚、羚羊等）通过“选美比赛”来选择交配对象。在这些动物中，雄性们在舞台上展现自己，邀请雌性做出选择，与其交配；雌性们总是选择与“最美先生”交配，但几乎从不与雄性长期结伴生活（构成婚姻关系）。

在人科动物中，作为人类的兄弟姐妹动物的潘属猿中的青潘猿和祖潘猿也只有发情期的两性交配现象，而无所谓（作为较长期生活伴侣关系的）婚姻。

2.7 动物中的地位对等婚现象

人类的婚姻，尤其是阶级分化的国家型大型社会中的人类婚姻中有讲究“门当户对”的现象。在某些非人动物的婚姻中居然也有这种现象，例如：在寒鸦群中，两性中的未成年者都会确定每一个个体在同性中的地位排序；而后，两性未成年个体按地位对等原则配对订婚。如果某一性别的未成年者中有个体死亡，那么，地位排序在其之后的个体就自动晋升一级；地位排序变动后，两性中的未成年者就得按地位对等原则重新订婚。不过，成年寒鸦的正式婚姻是终身制的，除非一方死亡。

在动物界，以地位对等而非爱情为婚姻首要原则的现象是少见的。其中原因值得深思。

2.8 动物婚姻和两性关系中的权色交易现象

让我们来看渡鸦中的一个典型案例：雌渡鸦麦瑟琳娜在订婚期就屈身靠向年轻渡鸦群的首领克劳狄乌斯。它们结为了夫妻。有一天，在与天敌搏斗中丢了羽毛的克劳狄乌斯被群中老二逼宫下台，成了群中地位最低的雄鸦。这时，麦瑟琳娜就开始诱惑新首领尼禄，并成了新的第一夫人。在换羽后，克劳狄乌斯很快就战胜了尼禄。这时，麦瑟琳娜立刻对尼禄置之不理，转而对克劳狄乌斯进行性诱惑，并成功地又一次成了复位后的克劳狄乌斯的配偶。对渡鸦中掺杂着权色交易的婚姻和两性关系现象，作者评论道：“对雌渡鸦来说，配偶的权位其实比配偶本身更重要……将权位看得比性与好感还重要，与人类中的某些人一模一样！”看来，与政治一样，政治婚姻也不只是人类社会中才有的现象。

2.9 动物社会中的女权主义

在雄性具有体力和攻击性优势的动物中，常会出现雌性地位低下并受雄性欺压的现象。但在动物界，也有雌性靠着同性间的团结争取到与雄性平权，甚至实际地位超过雄性的现象。例如：日本鹿岛的猕猴群就在雌性终生留家而雄性须在青春期离家制度的基础上建立起了雌性自治的母系社会。在这种猕猴社会中，外来的雄性若想要与雌性交配就必须尊重雌性，且在交配后就得马上离开。事实证明：一个团结的雌性群体完全可自行解决各种生活问题，并抵御乃至预防雄性的攻击和压迫。

如果说母系猕猴社会相对于整个物种来说是特例因而文化性较强的话，那么，河马中的雌性群体就是自然的母系社会。雌河马群通常由十来个个体组成。寻求交配的雄河马得待在雌河马群外围的位置上并且举止谦卑有礼，才可能得到雌性的召唤，否则就会遭到雌河马们的集体驱逐。在雌河马群这样的母系社会中，雌性的地位实际上是超过来访的雄性的。

侏獴群也是母系社会。侏獴群的雌性首领与其雄性配偶兼副手之间实际上是主仆关系，两者的相对地位关系显然是“女尊男卑”。

2.10 动物两性间的专情与滥情现象

与人类中的情况一样，动物配偶之间既有极端忠诚的，也有极端不忠诚的。

灰雁夫妻可谓忠诚的典范：德国阿本森的一处湖泊上有一对一起生活了几年的灰雁。有一次，有科学家因研究需要捕捉了其中的雌雁，雄雁则逃走了。在见不到雌雁的日子里，那只雄雁并未新觅伴侣，而是不断在阿本森及附近地区水面上寻找失踪了的雌雁。半年后，在雌雁被放飞两天后，雄雁就找到了雌雁；就像久别重逢的人类情侣，它们彼此久久地拥抱并欢叫着。

在动物中，对配偶不忠的比例要比忠诚的大得多。在两性接触机会多的情况下，两性间通常都容易出现博爱或滥情现象。例如：天鹅夫妻大多共守一块独立领地，在这种情况下，天鹅夫妻间是彼此忠诚的；但一旦种群数量过剩以至于许多天鹅家庭领地不得不互相紧挨着时，天鹅两性之间也就会出现三角乃至多角关系了。

除种群密度与接触机会外，食物富足与否也是影响两性关系专情与否的一个重要因素。例如：在食物短缺年份，冬鹪鹩堪称一夫一妻制的典范；但在食物富足时，雄鹪鹩的后院里就有了多个鸟巢和为它产蛋孵蛋的雌鸟。充足的食物为多偶制提供了物质条件。这就是所谓“贫时专情富时滥”现象。再如：在一个鸟类行为实验区中，有着吃不完的食物。但在那里，原本严格奉行一夫一妻制的牛背鹭却变得极端乱伦与残暴：父女、母子、兄弟姐妹间随意苟合，强奸、暴力与谋杀层出不穷。这就是研究者称之为“富裕后的堕落”的现象。

2.11 动物婚姻演化的三（或四）个阶段

在本书中，作者将动物婚姻的演化总结为三（或四）个阶段。

2.11.1 无婚姻：雌雄两性为了交配而短暂地待在一起，交配或发情期结束后即分离。

2.11.2 季节性（繁育期）婚姻：在雌性无法独立完成抚养后代任务的情况下，有些雄性会在交配后待在雌性身边，与之一起养育与保护幼崽；一旦后代能自食其力，婚姻即告结束。

2.11.3 循环式季节性（繁育期）婚姻：在下一繁育期到来时，此前分别近一年（或一个繁育期）的前夫前妻会再次相聚，重续前缘。相对于每年（或每一繁育期）重新择偶的季节性（繁育期）婚姻来说，这种婚姻可谓省时省力且因彼此了解而易于增进和谐、提高繁育效率。在实行这种婚姻制的动物（如三趾鸥）中，前度婚姻不和谐的两性实际上往后就不会再相聚。

在循环式季节性婚姻中，有一种特别的形式：在某些动物（如云雀和白鹳）中，前度婚姻双方会因对旧巢的眷恋而在下一个繁育期到来时在旧巢所在地相遇，但实际上它们并不一定重续前缘，因为先到的一方完全可与碰巧在场的别的异性结婚。在这种婚姻中，巢穴成了比异性个体更重要的决定因素，因而，这种婚姻可称为“巢穴婚”（为巢穴而缔结的婚姻）。

2.11.4 终身性一夫一妻制婚姻：如果一种动物的后代的成长需要双亲一整年乃至更长时间的照料和保护，那么，这种动物（如灰雁等）便可能会采取维持终身的一夫一妻制婚姻。当然，终身性婚姻除了一夫一妻制外，实际上还有常见的一夫多妻制和少见的一妻多夫制。在适应当事动物个体和群体在特定环境中的生存和繁衍需要的意义上，多种多样的婚姻制度都可能具有其合理性。

以上两大方面21个话题的内容就是本书讲述的主要内容。当然，除了这些内容，书中还有一些其他同样很有意思的内容，如某些动物怎样用耳朵“听”到图像，催眠的性质、类型及原理，冬眠是怎么回事，等等。现在，就请读者自己开启对本书内容的探索之旅吧！